上海市建筑标准设计

装配式混凝土结构连接节点构造及构件图集

DBJT 08—121—2024

图集号：2024 沪 G105

同济大学出版社

2024 上海

图书在版编目（CIP）数据

装配式混凝土结构连接节点构造及构件图集 / 华东
建筑集团股份有限公司，上海城建物资有限公司主编 .
上海：同济大学出版社，2024.9. -- ISBN 978-7-5765-
1336-3

Ⅰ. TU37-64

中国国家版本馆 CIP 数据核字第 2024SG2558 号

装配式混凝土结构连接节点构造及构件图集

华东建筑集团股份有限公司
上海城建物资有限公司　　　　主编

责任编辑　朱　勇
责任校对　徐春莲
封面设计　陈益平
出版发行　同济大学出版社　　www.tongjipress.com.cn
　　　　　（地址：上海市四平路 1239 号　邮编：200092　电话：021-65985622）
经　　销　全国各地新华书店
印　　刷　浦江求真印务有限公司
开　　本　787mm×1092mm　1/16
印　　张　5.75
字　　数　135 000
版　　次　2024 年 9 月第 1 版
印　　次　2024 年 9 月第 1 次印刷
书　　号　ISBN 978-7-5765-1336-3
定　　价　60.00 元

上海市住房和城乡建设管理委员会文件

沪建标定〔2024〕290 号

上海市住房和城乡建设管理委员会关于批准 《装配式混凝土结构连接节点构造及构件图集》 为上海市建筑标准设计的通知

各有关单位：

由华东建筑集团股份有限公司、上海城建物资有限公司主编的《装配式混凝土结构连接节点构造及构件图集》，经审核，现批准为上海市建筑标准设计，统一编号为 DBJT 08—121—2024，图集号为 2024 沪 G105，自 2024 年 10 月 1 日起实施。原《装配整体式混凝土构件图集》（DBJT 08—121—2016、图集号 2016 沪 G105）、《装配式混凝土结构连接节点构造图集》（DBJT 08—126—2019、图集号 2019 沪 G106）同时废止。

本标准设计由上海市住房和城乡建设管理委员会负责管理，华东建筑集团股份有限公司负责解释。

特此通知。

上海市住房和城乡建设管理委员会

2024 年 6 月 11 日

《装配式混凝土结构连接节点构造及构件图集》编审名单

编制组负责人： 王平山　朱永明

编制组成员： 花炳灿　雷　杰　马　骞　王　俊　恽燕春　李伟兴　张广成　郭志鑫　李　军　陈丰华
赵海燕　王炳洪　程海江　陈培良　章国森　徐烟生　郭　柳　张士昌　钱　君　康全军
胡　辉　丁　泓　魏　爽　符宇欣　赵　聪　初文荣　王招鑫　霍　涛　张晓斌　陆春梁
董　星　丁　宏　陆点威　王学强　边秋波　邹梦珂　蔡露露　徐晨铭　黄剑锋　李　钱
段落华　程建波　傅兴君　王晓鹏

审查组组长： 杨联萍

审查组成员： 栗　新　朱华军　罗玲丽　潘　峰　陈铁峰　李检保

主 编 单 位： 华东建筑集团股份有限公司
上海城建物资有限公司

参 编 单 位： 上海中森建筑与工程设计顾问有限公司　　　良固建筑工程（上海）有限公司
上海天华建筑设计有限公司　　　　　　　上海联创设计集团股份有限公司
上海兴邦建筑技术有限公司　　　　　　　上海浦凯预制建筑科技有限公司
宝业集团股份有限公司　　　　　　　　　上海诚建建筑规划设计有限公司
中国建筑第八工程局有限公司　　　　　　上海住总工程材料有限公司
锦萧新材料科技（浙江）股份有限公司　　上海家树建设集团有限公司
上海模卡建筑工程科技发展有限公司

项 目 负 责 人： 王平山　朱永明

项目技术负责人： 卢　旦

装配式混凝土结构连接节点构造及构件图集

批准部门： 上海市住房和城乡建设管理委员会

主编单位： 华东建筑集团股份有限公司

上海城建物资有限公司

施行日期： 2024 年 10 月 1 日

批准文号： 沪建标定〔2024〕290 号

统一编号： DBJT 08-121-2024

图 集 号： 2024 沪 G105

主编单位负责人：

主编单位技术负责人：

技术审定人：

设计负责人：

目 录

	目 录	图集号	2024 沪 G105
审核	王平山		
校对	卢旦	设计	马骞
		页 码	1

	目录	图集号	2024沪G105
审核 王平山	校对 卢旦	设计 马骞	页 码 2

总说明

1 编制依据

1.1 根据上海市住房和城乡建设管理委员会《关于印发〈2021年上海市工程建设规范、建筑标准设计编制计划〉的通知》(沪建标定〔2020〕771号)的要求，由华东建筑集团股份有限公司、上海城建物资有限公司会同有关单位对《装配整体式混凝土构件图集》DBJT 08—121—2016进行全面修订，并将《装配式混凝土结构连接节点构造图集》DBJT 08—126—2019与之合并，图集名称调整为《装配式混凝土结构连接节点构造及构件图集》。

1.2 设计所依据的标准

《建筑模数协调标准》	GB/T 50002—2013
《建筑结构荷载规范》	GB 50009—2012
《混凝土结构设计标准》	GB/T 50010—2010
《建筑抗震设计规范》	GB 50011—2010（2016年版）
《钢结构设计标准》	GB 50017—2017
《建筑结构可靠性设计统一标准》	GB 50068—2018
《建筑结构制图标准》	GB/T 50105—2010
《混凝土结构工程施工质量验收规范》	GB 50204—2015
《混凝土结构工程施工规范》	GB 50666—2011
《装配式混凝土建筑技术标准》	GB/T 51231—2016
《工程结构通用规范》	GB 55001—2021
《建筑与市政工程抗震通用规范》	GB 55002—2021
《混凝土结构通用规范》	GB 55008—2021
《装配式混凝土结构技术规程》	JGJ 1—2014
《高层建筑混凝土结构技术规程》	JGJ 3—2010
《钢筋焊接及验收规程》	JGJ 18—2012
《钢筋机械连接技术规程》	JGJ 107—2016

《纤维混凝土应用技术规程》	JGJ/T 221—2010
《钢筋锚固板应用技术规程》	JGJ 256—2011
《非结构构件抗震设计规范》	JGJ 339—2015
《钢筋套筒灌浆连接应用技术规程》	JGJ 355—2015（2023年修订版）
《钢筋连接用灌浆套筒》	JG/T 398—2019
《钢筋连接用套筒灌浆料》	JG/T 408—2019
《预制保温墙体用纤维增强塑料连接件》	JG/T 561—2019
《建筑抗震设计标准》	DGJ 08—9—2023
《装配整体式混凝土结构预制构件制作与质量检验规程》	DGJ 08—2069—2016
《装配整体式混凝土居住建筑设计规程》	DG/TJ 08—2071—2016
《混凝土模卡砌块应用技术标准》	DG/TJ 08—2087—2019
《装配整体式混凝土结构施工及质量验收标准》	DG/TJ 08—2117—2022
《装配整体式混凝土公共建筑设计标准》	DG/TJ 08—2154—2022
《预制混凝土夹心保温外墙板应用技术标准》	DG/TJ 08—2158—2023
《装配整体式混凝土建筑检测技术标准》	DG/TJ 08—2252—2018
《装配整体式叠合剪力墙结构技术规程》	DG/TJ 08—2266—2018
《外墙保温一体化系统应用技术标准（预制混凝土反打保温外墙）》	DG/TJ 08—2433A—2023

1.3 配套使用图集

《大跨度预应力空心板（跨度4.2m~18.0m）》	13G440
《SP预应力空心板》	05SG408
《混凝土模卡砌块建筑和结构构造》	DBJT 08—113—2020

当依据的标准规范进行修订或有新的版本发布实施时，本图集内容与所执行的标准规范不符或冲突处，应以新的标准规范为准。

2 适用范围

本图集所示构件与连接节点构造,仅适用于上海地区新建、扩建或改建的采用装配式混凝土结构体系的建筑项目。当用于其他地区或其他结构类型时,应对其技术及经济可行性进行专项研究。

本图集的某些内容可能涉及专利,本图集的发布机构不承担识别专利的责任。

3 编制内容

3.1 本次修订主要内容

3.1.1 结合《上海市装配式建筑单体预制率和装配率计算细则》的工艺类别,按承重墙、非承重墙、柱、梁、板、楼梯等功能对预制构件进行分类。删除了原有图集中示例图的表达方式,每类预制构件同时给出构件图和典型节点图。

3.1.2 围绕国家"双碳"政策的要求,对近年来在上海地区装配式建筑实际工程中推广应用的新产品、新技术等进行适当补充。

3.2 本图集主要内容包括预制构件图及该构件的常用连接节点构造图两部分。

3.2.1 预制构件图包括竖向构件、水平构件和附属构件三大类。

3.2.2 竖向构件包括预制承重墙、预制非承重墙和预制柱。其中,预制承重墙包括全预制承重墙、全预制承重墙(夹心保温)、双面叠合墙、双面叠合墙(夹心保温)、单面叠合墙、单面叠合墙(反打保温)和单面免模墙(夹心保温);预制非承重墙包括全预制非承重墙(外挂式)、全预制非承重墙(内嵌式)和组装式非承重墙(内嵌式);预制柱包括全预制柱和集成钢筋免模柱。

3.2.3 水平构件包括预制梁、预制叠合板。其中,预制梁包括预制叠合梁和集成钢筋免模梁;叠合板包括叠合板(后浇型)、叠合板(密拼型)、叠合板(开槽型)、免撑叠合板(钢纤维增强型)、免撑叠合板(SP板)和免撑叠合板(双T板)。

3.2.4 附属构件包括预制阳台板、预制空调板和预制楼梯。其中,预制阳台板包括全预制板式阳台板和叠合板式阳台板;预制空调板、预制楼梯均为全预制形式。

3.2.5 连接节点构造分竖向连接与水平连接两类。包括装配式混凝土结构中框架连接节点的做法及连接节点处钢筋构造要求,剪力墙连接节点的做法及连接节点处钢筋构造要求,外围护墙连接节点的做法及连接节点处钢筋构造要求,楼板、楼梯连接节点做法及连接节点处钢筋构造要求,阳台板连接节点的做法及连接节点处钢筋构造要求,空调板连接节点的做法及连接节点处钢筋构造要求等。

3.3 本图集主要展示方式为构件模板图、配筋图及连接节点构造图。

3.3.1 模板图以"五视图"为主,显示构件基本轮廓、预埋件位置等信息。

3.3.2 配筋图包括配筋方式、钢筋型号和数量、细部构造、钢筋表及预埋件表等信息。

3.3.3 连接节点构造图包括结构连接与防水构造两部分。

4 材料

4.1 本图集中连接节点的后浇混凝土强度等级应由设计确定,且不应低于预制构件的混凝土强度等级。

4.2 钢材、钢筋及吊装配件

4.2.1 钢材宜采用Q235B钢、Q355B钢,其质量应分别符合现行国家标准《碳素结构钢》GB/T 700和《低合金高强度结构钢》GB/T 1591的规定;当有可靠依据时,可采用其他型号的钢材。

4.2.2 钢筋及吊装配件的选用应符合现行国家标准《混凝土结构设计规范》GB 50010、《混凝土结构通用规范》GB 55008、《建筑抗震设计规范》GB 50011、《混凝土结构工程施工规范》GB 50666、《混凝土结构工程施工质量验收规范》GB 50204及现行上海市工程建设规范《装配整体式混凝土结构施工及质量验

总说明						图集号	2024沪G105
审核	王平山	校对	卢旦	设计	马骞	页 码	4

收标准》DG/TJ 08—2117、《装配整体式混凝土结构预制构件制作与质量检验规程》DGJ 08—2069 的相关要求。采用套筒灌浆连接和浆锚搭接连接的钢筋，应采用热轧带肋钢筋。

4.3 连接材料

4.3.1 钢筋机械接头应符合现行行业标准《钢筋机械连接技术规程》JGJ 107中Ⅰ级接头的性能要求。钢筋套筒灌浆连接接头采用的套筒应符合现行行业标准《钢筋套筒灌浆连接应用技术规程》JGJ 355、《钢筋连接用灌浆套筒》JG/T 398 的规定；采用的灌浆料应符合现行行业标准《钢筋连接用套筒灌浆料》JG/T 408 的规定，灌浆料由灌浆接头提供单位负责与灌浆套筒配套提供。灌浆套筒和浆料进场（厂）检验应符合现行行业标准《钢筋套筒灌浆连接应用技术规程》JGJ 355 的有关规定，套筒灌浆料的性能如表 1 所示。

表 1　套筒灌浆料的技术性能

检测项目		性能指标
流动度（mm）	初始	≥ 300
	30min	≥ 260
抗压强度（MPa）	1d	≥ 35
	3d	≥ 60
	28d	≥ 85
竖向膨胀率（%）	3h	≥ 0.02
	24h 与 3h 差值	0.02~0.50
最大氯离子含量（%）		≤ 0.03
泌水率（%）		0

4.3.2 受力预埋件的锚板及锚筋材料应符合现行国家标准《混凝土结构设计规范》GB 50010 的有关规定。专用预埋件及拉结件材料应符合国家现行有关标准的规定。

4.3.3 连接用焊接材料及螺栓、锚栓和铆钉等紧固件的材料应符合现行国家标准《钢结构设计标准》GB 50017、《钢结构焊接规范》GB 50661 和现行行业标准《钢筋焊接及验收规程》JGJ 18 等的规定。

4.3.4 钢筋锚固板的材料应符合现行行业标准《钢筋锚固板应用技术规程》JGJ 256 的规定。

4.4 保温材料

4.4.1 外墙夹心保温系统、外保温系统和内保温系统所用的保温材料应符合国家、行业和上海市现行相关标准的规定；有机类保温板燃烧性能不应低于现行国家标准《建筑材料及制品燃烧性能分级》GB 8624 中 B_1 级的要求。

4.5 防水材料

4.5.1 外墙板接缝所用的防水密封胶应选用耐候性密封胶，密封胶应与混凝土具有相容性，并具有低温柔性、防霉性及耐水性等性能。其最大变形性能等均应满足设计要求，其他性能应满足现行行业标准《混凝土接缝用建筑密封胶》JC/T 881 的规定。当选用硅酮类密封胶时，应满足现行国家标准《硅酮和改性硅酮建筑密封胶》GB/T 14683 的要求。

4.5.2 外墙板接缝处的密封止水带宜采用三元乙丙橡胶或氯丁橡胶等高分子材料，技术要求应满足现行行业标准《高分子防水材料　第2部分：止水带》GB 18173.2 中 J 型的要求。

4.5.3 外墙板接缝处密封胶的背衬材料宜选用聚乙烯塑料棒或发泡氯丁橡胶，直径不应小于缝宽的 1.5 倍。

4.5.4 墙板接缝的防水性能应符合设计要求。

4.6 其他材料

4.6.1 夹心外墙板中内外叶墙板的拉结件应符合下列规定：

　　1）金属及非金属材料拉结件应具有规定的承载力、变形和耐久性能，并应经过试验验证；

总说明	图集号	2024沪G105
审核 王平山　　校对 卢旦　　设计 马骞	页码	5

2）拉结件应满足夹心外墙板的节能设计要求；

3）连接件应满足锚固长度及保护层厚度等构造要求；

4）保温连接件应满足现行行业标准《预制保温墙体用纤维增强塑料连接件》JG/T 561以及现行上海市工程建设规范《预制混凝土夹心保温外墙板应用技术标准》DG/TJ 08—2158的要求。

4.6.2 石材和面砖等饰面材料应有产品合格证或出厂质量保证书，质量应符合现行相关标准的规定。当石材和面砖等饰面材料采用外墙板反打一次成型工艺时，石材和面砖等饰面材料还需满足反打工艺对材质、尺寸等的要求，且应符合现行相关标准的规定。

5 使用说明

5.1 本图集可供设计人员参考使用。

5.2 本图集中预制混凝土构件及后浇混凝土区域内的钢筋仅为示意，具体由工程设计确定。

5.3 预制构件与后浇混凝土的结合面应设置粗糙面或键槽，键槽的形式、数量、尺寸及布置由设计确定。除特别说明外，粗糙面、键槽的做法详见本图集第18~22页。

6 其他

6.1 装配整体式混凝土结构中材料、产品的选用应符合国家现行相关标准、设计文件和产品应用技术手册的规定。

6.2 预埋件和连接件等外露金属件应按不同环境类别进行封闭或防腐、防锈、防火处理，并应符合耐久性要求。

6.3 本图集中节点及接缝处的纵向钢筋连接主要包括机械连接、套筒灌浆连接、焊接和搭接等方式。采用钢筋套筒灌浆连接时，灌浆接缝的封堵不应减小结合面的设计面积；采用焊接时，应采取避免损伤预制构件的措施。

6.4 本图集中预制构件端部均与其支座构件贴边放置，即在图1中，a=0，

$b=0$。当预制构件端部伸入支座放置时，应综合考虑制作偏差、施工安装偏差、标高调整方式和封堵方式等确定a、b的数值，a不宜大于20mm，b不宜大于15mm。当板或次梁搁置在支座构件上时，搁置长度由设计确定。

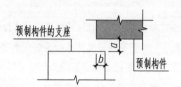

图1 预制构件端部在支座处放置示意

6.5 预制构件安装过程中应根据水准点和轴线校正位置，安装就位后应及时按设计要求和施工方案采取临时固定措施。预制构件与吊具的分离应在校准就位及临时固定措施安装完成后进行。临时固定措施的拆除应在装配式结构达到后续施工承载要求后进行。

6.6 装配式混凝土结构施工前应制订专项施工方案。施工方案应结合构件深化设计、构件制作、运输和安装全过程，以及施工吊装与支撑体系的验算进行策划与制订，应包括构件安装及节点施工方案、构件安装的质量管理及安全措施等，应充分反映装配式结构施工的特点和工艺流程的特殊要求。

6.7 装配式混凝土结构施工过程中应采取安全措施，并应符合现行行业标准《建筑施工高处作业安全技术规范》JGJ 80、《建筑机械使用安全技术规程》JGJ 33和《施工现场临时用电安全技术规范》JGJ 46等的有关规定。

6.8 本图集未注明尺寸单位，除标高为米（m）外，其余均为毫米（mm）。

6.9 除有特殊说明外，本图集采用的图例见表2。

	总说明	图集号	2024沪G105
审核 王平山	校对 卢旦	设计 马骞	页码 6

表2 图 例

名称	图例	名称	图例
预制构件		预制构件钢筋	
后浇混凝土		后浇混凝土钢筋	
灌浆部位		附加或重要钢筋	
空心部位		钢筋套筒灌浆连接	
剪力墙边缘构件阴影区		钢筋机械连接	
保温部位（主体）		正反牙机械式双套筒连接件	
保温部位（附加）		钢筋焊接	
防水部位		钢筋锚固板	
粗糙面结合面	C	橡胶支垫或坐浆	
键槽结合面	J	发泡聚乙烯棒	
模板面	M	建筑密封胶	
压光面	Y	柔性隔断	

总说明	图集号	2024沪G105
审核 王平山 校对 卢旦 设计 马骞	页码	7

续表2

编号	名称	图例	编号	名称	图例
S1	脱模、斜撑用预埋件		S2	运输吊装用预埋件	
S3	模板拉结用预埋件		S4	半灌浆套筒	
S5	保温连接件		S6	板板连接用预埋件	
S7	金属波纹管		S8	墙侧螺栓套筒	
S9	脱模、吊装、斜撑用预埋件		S10	预埋钢板,与梁板连接用	
S11	栏杆预埋件		S12	电线盒	

总说明	图集号	2024沪G105
审核 王平山　校对 卢旦　设计 马骞	页 码	8

表3 混凝土结构暴露的环境类别

环境类别	条件
一	室内干燥环境，无侵蚀性静水浸没环境
二 a	室内潮湿环境，非严寒和非寒冷地区的露天环境，非严寒和非寒冷地区与无侵蚀性水或土壤直接接触的环境
二 b	干湿交替环境，水位频繁变动环境
三 a	受除冰盐影响环境，海风环境
三 b	盐渍土环境，受除冰盐作用环境，海岸环境
四	海水环境
五	受人为或自然的侵蚀性物质影响的环境

注：1.暴露的环境是指混凝土结构表面所处的环境。
2.室内潮湿环境是指构件表面经常处于结露或湿润状态的环境。
3.海岸环境和海风环境宜根据当地情况，考虑主导风向及结构所处迎风、背风部位等因素的影响，由调查研究和工程经验确定。
4.受除冰盐影响环境是指受到除冰盐盐雾影响的环境。受除冰盐作用环境是指被除冰盐溶液溅射的环境以及使用除冰盐地区的洗车房、停车楼等建筑

表4 钢筋的混凝土保护层最小厚度 C_{min}（mm）

环境类别	板、墙	梁、柱
一	15	20
二 a	20	25
二 b	25	35
三 a	30	40
三 b	40	50

注：1.表中混凝土保护层厚度指最外层钢筋外边缘至混凝土表面的距离，适用于设计使用年限为50年的混凝土结构。
2.构件中受力钢筋的保护层厚度不应小于钢筋的公称直径。
3.设计使用年限为100年的混凝土结构：一类环境中，最外层钢筋的保护层厚度不应小于表中数值的1.4倍；二、三类环境中，应采取专门的有效措施。
4.对采用工厂化生产的预制构件，当有充分依据时，可适当减少混凝土保护层的厚度。
5.当钢筋的保护层厚度大于50mm时，宜采取增设保护层混凝土构造钢筋等措施进行拉结，以防止混凝土开裂剥落、下坠

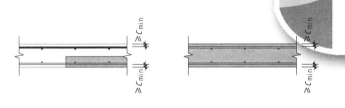

（a）叠合板　　　　（b）预制板

板混凝土保护层厚度

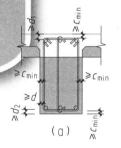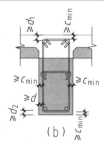

（a）　　　　　　　　（b）

叠合梁混凝土保护层厚度

注：图中 d_1 和 d_2 分别为梁上部和下部纵向钢筋的公称直径，d 为二者中的较大值。

总说明	图集号	2024沪G105

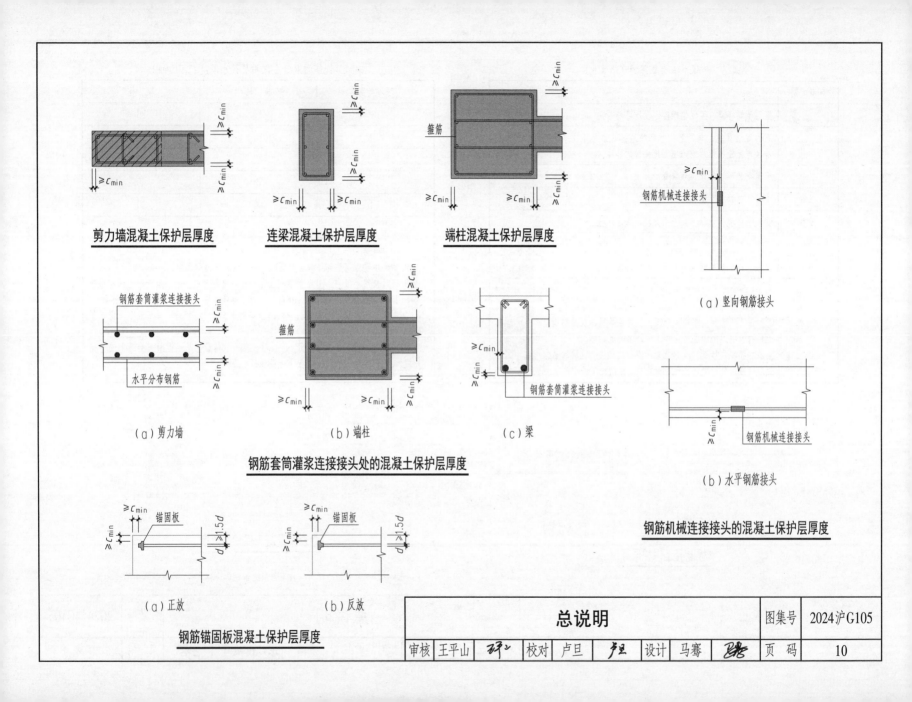

剪力墙混凝土保护层厚度

连梁混凝土保护层厚度

端柱混凝土保护层厚度

（a）竖向钢筋接头

（a）剪力墙

（b）端柱

（c）梁

钢筋套筒灌浆连接接头处的混凝土保护层厚度

（b）水平钢筋接头

钢筋机械连接接头的混凝土保护层厚度

（a）正放

（b）反放

钢筋锚固板混凝土保护层厚度

总说明	图集号	2024沪G105
审核 王平山　校对 卢旦　设计 马骞	页　码	10

表5 受拉钢筋基本锚固长度 l_{ab}

钢筋种类	混凝土强度等级							
	C25	C30	C35	C40	C45	C50	C55	≥C60
HPB300	34d	30d	28d	25d	24d	23d	22d	21d
HRB400、HRBF400 RRB400	40d	35d	32d	29d	28d	27d	26d	25d
HRB500、HRBF500	48d	43d	39d	36d	34d	32d	31d	30d

表6 抗震设计时受拉钢筋基本锚固长度 l_{abE}

钢筋种类		混凝土强度等级							
		C25	C30	C35	C40	C45	C50	C55	≥C60
HPB300	一、二级	39d	35d	32d	29d	28d	26d	25d	24d
	三级	36d	32d	29d	26d	25d	24d	23d	22d
HRB400 HRBF400	一、二级	46d	40d	37d	33d	32d	31d	30d	29d
	三级	42d	37d	34d	30d	29d	28d	27d	26d
HRB500 HRBF500	一、二级	55d	49d	45d	41d	39d	37d	36d	35d
	三级	50d	45d	41d	38d	36d	34d	33d	32d

注：1. 四级抗震时，$l_{abE}=l_{ab}$。
　　2. 混凝土强度等级应取锚固区的混凝土强度等级。
　　3. 当锚固钢筋的保护层厚度不大于5d时，锚固钢筋长度范围内应设置横向构造钢筋，其直径不应小于$d/4$（d为锚固钢筋的最大直径）；对梁、柱等构件间距不应大于5d，对板、墙等构件间距不应大于10d，且均不应大于100mm（d为锚固钢筋的最小直径）。

（a）光圆钢筋末端180°弯钩

（b）末端90°弯钩

钢筋弯折的弯弧内径 D

注：钢筋弯折的弯弧内径D应符合下列规定：
1. 光圆钢筋不应小于钢筋直径的2.5倍。
2. 400MPa级带肋钢筋不应小于钢筋直径的4倍。
3. 500MPa级带肋钢筋：当直径$d \leqslant 25$mm时，不应小于钢筋直径的6倍；当直径$d > 25$mm时，不应小于钢筋直径的7倍。
4. 位于框架结构顶层端节点处的梁，上部纵向钢筋和柱外侧纵向钢筋，在节点角部弯折处：当直径$d \leqslant 25$mm时，不应小于钢筋直径的12倍；当直径$d > 25$mm时，不应小于钢筋直径的16倍。
5. 箍筋弯折处尚不应小于纵向受力钢筋直径；箍筋弯折处纵向受力钢筋为搭接或并筋时，应按钢筋实际排布情况确定箍筋弯弧内径。

表7　受拉钢筋锚固长度 l_a

钢筋种类	混凝土强度等级															
	C25		C30		C35		C40		C45		C50		C55		≥C60	
	$d\leq25$	$d>25$	$d\leq25$	$d>25$	$d\leq25$	$d>25$	$d\leq25$	$d>25$	$d\leq25$	$d>25$	$d\leq25$	$d>25$	$d\leq25$	$d>25$	$d\leq25$	$d>25$
HPB300	34d	—	30d	—	28d	—	25d	—	24d	—	23d	—	22d	—	21d	—
HRB400、HRBF400 RRB400	40d	44d	35d	39d	32d	35d	29d	32d	28d	31d	27d	30d	26d	29d	25d	28d
HRB500、HRBF500	48d	53d	43d	47d	39d	43d	36d	40d	34d	37d	32d	35d	31d	34d	30d	33d

表8　受拉钢筋抗震锚固长度 l_{aE}

钢筋种类及抗震等级		混凝土强度等级															
		C25		C30		C35		C40		C45		C50		C55		≥C60	
		$d\leq25$	$d>25$	$d\leq25$	$d>25$	$d\leq25$	$d>25$	$d\leq25$	$d>25$	$d\leq25$	$d>25$	$d\leq25$	$d>25$	$d\leq25$	$d>25$	$d\leq25$	$d>25$
HPB300	一、二级	39d	—	35d	—	32d	—	29d	—	28d	—	26d	—	25d	—	24d	—
	三级	36d	—	32d	—	29d	—	26d	—	25d	—	24d	—	23d	—	22d	—
HRB400 HRBF400	一、二级	46d	51d	40d	45d	37d	40d	33d	37d	32d	36d	31d	35d	30d	33d	29d	32d
	三级	42d	46d	37d	41d	34d	37d	30d	34d	29d	33d	28d	32d	27d	30d	26d	29d
HRB500 HRBF500	一、二级	55d	61d	49d	54d	45d	49d	41d	46d	39d	43d	37d	40d	36d	39d	35d	38d
	三级	50d	56d	45d	49d	41d	45d	38d	42d	36d	39d	34d	37d	33d	36d	32d	35d

注：1. 当为环氧树脂涂层带肋钢筋时，表中数据尚应乘以1.25。
　　2. 当纵向受拉钢筋在施工过程中易受扰动时，表中数据尚应乘以1.1。
　　3. 当锚固长度范围内纵向受力钢筋周边保护层厚度为3d（d为锚固钢筋的直径）时，表中数据可乘以0.8；保护层厚度不小于5d时，表中数据可乘以0.7；中间时按内插值。
　　4. 当纵向受拉普通钢筋锚固长度修正系数（注1～注3）多于1项时，可按连乘计算。
　　5. 受拉钢筋的锚固长度 l_a、l_{aE} 计算值不应小于200mm。

6. 四级抗震时，$l_{aE}=l_a$。
7. 当锚固钢筋的保护层厚度不大于5d时，锚固钢筋长度范围内应设置横向构造钢筋，其直径不应小于d/4（d为锚固钢筋的最大直径）；对梁、柱等构件间距不应大于5d，对板、墙等构件间距不应大于10d，且均不应大于100mm（d为锚固钢筋的最小直径）。
8. HPB300钢筋末端应做180°弯钩，做法详见本图集第11页。
9. 混凝土强度等级应取锚固区的混凝土强度等级。

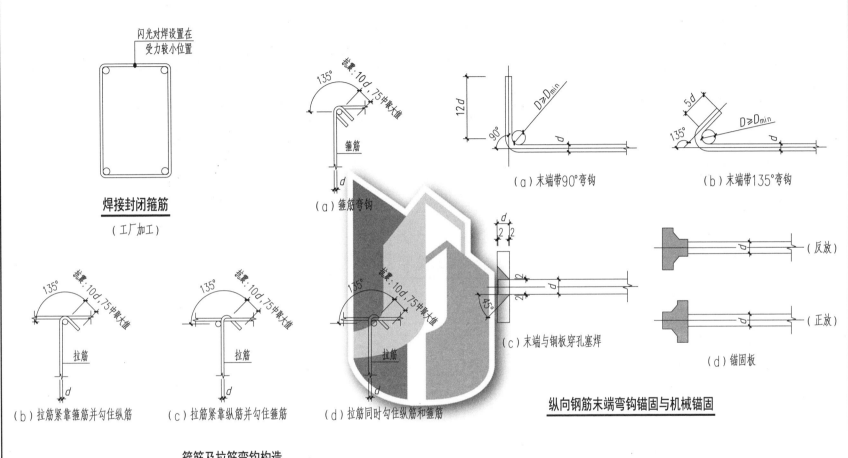

闪光对焊设置在
受力较小位置

焊接封闭箍筋
（工厂加工）

抗震:10d，75中取大值

（a）箍筋弯钩

（a）末端带90°弯钩

（b）末端带135°弯钩

抗震:10d，75中取大值

（b）拉筋紧靠箍筋并勾住纵筋

抗震:10d，75中取大值

（c）拉筋紧靠纵筋并勾住箍筋

抗震:10d，75中取大值

（d）拉筋同时勾住纵筋和箍筋

（c）末端与钢板穿孔塞焊

（反放）

（正放）

（d）锚固板

纵向钢筋末端弯钩锚固与机械锚固

箍筋及拉筋弯钩构造

注：1.D、D_{min}为钢筋弯折或弯钩的弯弧内径、最小弯弧内直径。
　　2.拉筋弯钩构造做法由设计确定。
　　3.当纵向受拉普通钢筋末端采用弯钩或机械锚固措施时，包括弯钩或锚固端头
　　　在内的锚固长度（投影长度）可取基本锚固长度的60%。
　　4.焊缝和螺纹长度应满足承载力的要求；螺栓锚头的规格应符合相关标准的
　　　要求。
　　5.螺栓锚板和焊接锚板的承压面积不应小于锚固钢筋截面面积的4倍。

总说明	图集号	2024沪G105
审核 张士昌　校对 王俊　设计 郭柳	页码	13

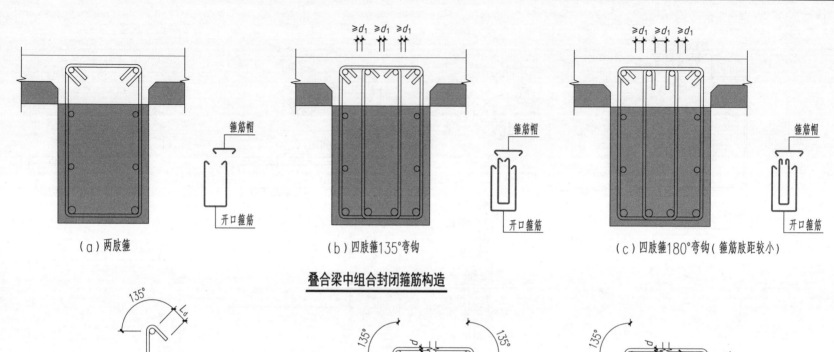

（a）两肢箍　　　　　　　　　　　（b）四肢箍135°弯钩　　　　　　　　　　（c）四肢箍180°弯钩（箍筋肢距较小）

叠合梁中组合封闭箍筋构造

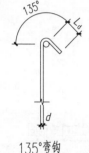

135°弯钩

开口箍筋弯钩构造

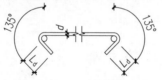

（a）两端带135°弯钩　　　　　　　　　（b）一端带135°弯钩，另一端带90°弯钩

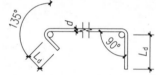

箍筋帽弯钩构造

注：1. 图中 d_1 为梁上部纵向钢筋直径。

2. 图中 L_d 为箍筋弯钩的平直段长度，非抗震设计时其取值不应小于 $5d$；对受扭构件的箍筋及拉筋弯钩平直段长度应取为 $10d$。

3. 抗震等级为一、二级的叠合框架梁的梁端箍筋加密区宜采用整体封闭箍筋。当叠合梁配置的箍筋为非受扭箍筋时，叠合梁中的组合封闭箍可采用两端带135°弯钩的箍筋帽，也可采用一端带135°弯钩、另一端带90°弯钩的箍筋帽。当采用一端带135°弯钩、另一端带90°弯钩的箍筋帽时，其弯钩应交

错放置。

4. 箍筋折处的弯弧内径应符合本图集第13页的要求，且不应小于所勾纵向钢筋的直径；箍筋弯折处纵向钢筋为搭接钢筋或并筋时，应按钢筋实际排布情况确定箍筋弯弧内径。

	总说明					图集号	2024沪G105
审核	张士昌	校对	王俊	设计	郭柳	页码	14

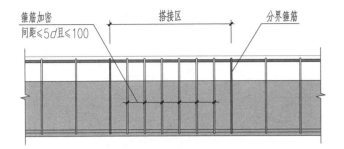

（a）当搭接区箍筋配置要求高于相邻区箍筋
配置要求时，搭接区箍筋单独分区排布

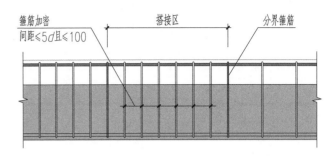

（b）当搭接区箍筋与一侧相邻区箍筋配置要求相
同时，搭接区箍筋可与该侧箍筋合并排布

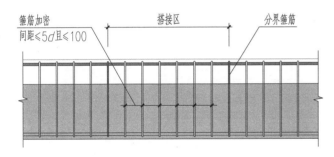

（c）当搭接区位于箍筋配置要求相同或更高的
箍筋区域时，搭接区箍筋不单独分区排布

叠合梁纵筋搭接区箍筋排布构造

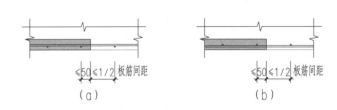

（a）　　　　（b）

叠合板板底纵向钢筋排布要求

注：1. 当叠合梁后浇部分纵筋采用搭接方式连接时，预制构件制作中应注意预留加
　　　密的箍筋。当预制梁纵筋采用绑扎搭接时，也应按本图要求排布箍筋。
　　2. d 为搭接纵筋的最小直径。

总说明	图集号	2024沪G105
审核 张士昌 校对 王俊 设计 郭柳	页　码	15

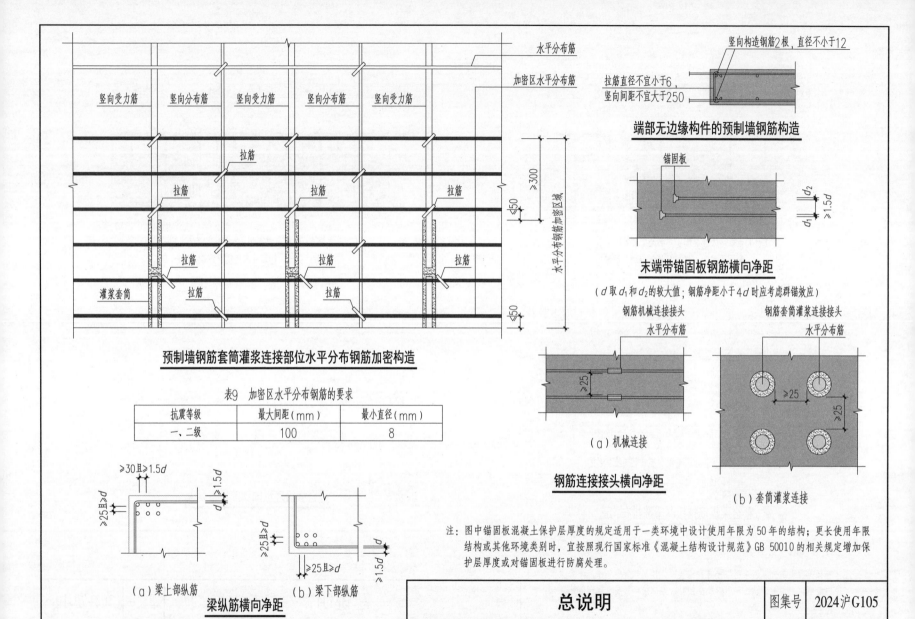

竖向构造钢筋2根,直径不小于12

拉筋直径不宜小于6,
竖向间距不宜大于250

水平分布筋

加密区水平分布筋

竖向受力筋　竖向分布筋　竖向受力筋　竖向分布筋　竖向受力筋

拉筋

拉筋

拉筋

拉筋

拉筋

拉筋

灌浆套筒

拉筋

端部无边缘构件的预制墙钢筋构造

锚固板

末端带锚固板钢筋横向净距

(*d* 取 d_1 和 d_2 的较大值;钢筋净距小于4*d* 时应考虑群锚效应)

钢筋机械连接接头

水平分布筋

钢筋套筒灌浆连接接头

水平分布筋

≤50

≥300

≤50

水平分布钢筋加密区域

预制墙钢筋套筒灌浆连接部位水平分布钢筋加密构造

表9　加密区水平分布钢筋的要求

抗震等级	最大间距(mm)	最小直径(mm)
一、二级	100	8

(a)机械连接

(b)套筒灌浆连接

钢筋连接接头横向净距

≥30且≥1.5*d*

≥25且>*d*

≥1.5*d*

(a)梁上部纵筋

≥25且>*d*

≥1.5*d*

(b)梁下部纵筋

梁纵筋横向净距

(*d* 取钢筋最大直径)

注:图中锚固板混凝土保护层厚度的规定适用于一类环境中设计使用年限为50年的结构;更长使用年限
结构或其他环境类别时,宜按照现行国家标准《混凝土结构设计规范》GB 50010的相关规定增加保
护层厚度或对锚固板进行防腐处理。

总说明

图集号　2024沪G105

审核　张士昌　校对　王俊　设计　郭柳　页码　16

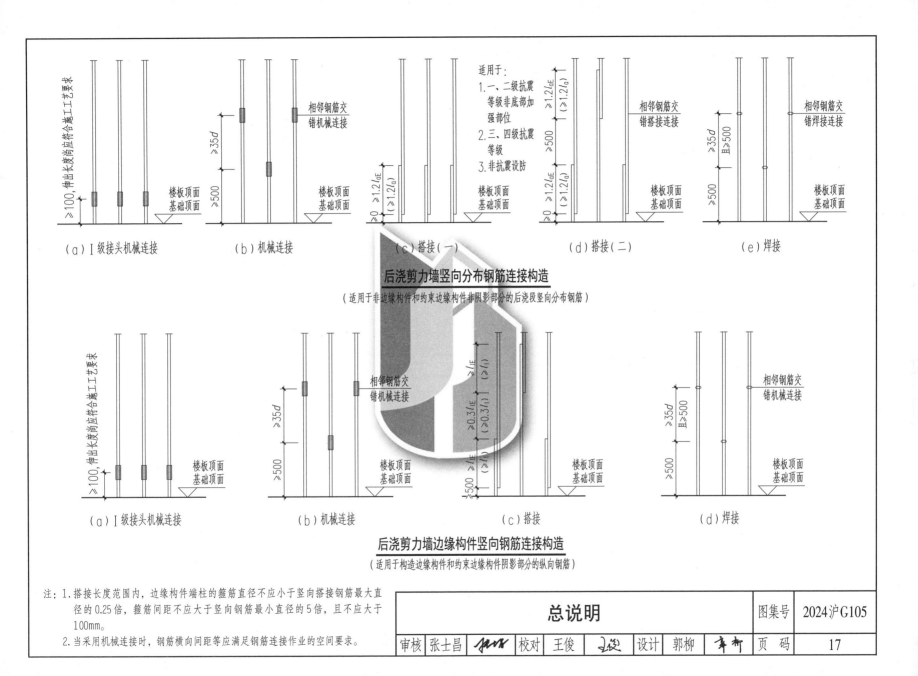

（a）I 级接头机械连接　（b）机械连接　（c）搭接（一）　（d）搭接（二）　（e）焊接

适用于：
1、一、二级抗震等级非底部加强部位
2、三、四级抗震等级
3、非抗震设防

后浇剪力墙竖向分布钢筋连接构造
（适用于非边缘构件和约束边缘构件非阴影部分的后浇段竖向分布钢筋）

（a）I 级接头机械连接　（b）机械连接　（c）搭接　（d）焊接

后浇剪力墙边缘构件竖向钢筋连接构造
（适用于构造边缘构件和约束边缘构件阴影部分的纵向钢筋）

注：1. 搭接长度范围内，边缘构件端柱的箍筋直径不应小于竖向搭接钢筋最大直径的 0.25 倍，箍筋间距不应大于竖向钢筋最小直径的 5 倍，且不应大于 100mm。

2. 当采用机械连接时，钢筋横向间距等应满足钢筋连接作业的空间要求。

总说明		图集号	2024沪G105
审核 张士昌	校对 王俊	设计 郭柳	页 码 17

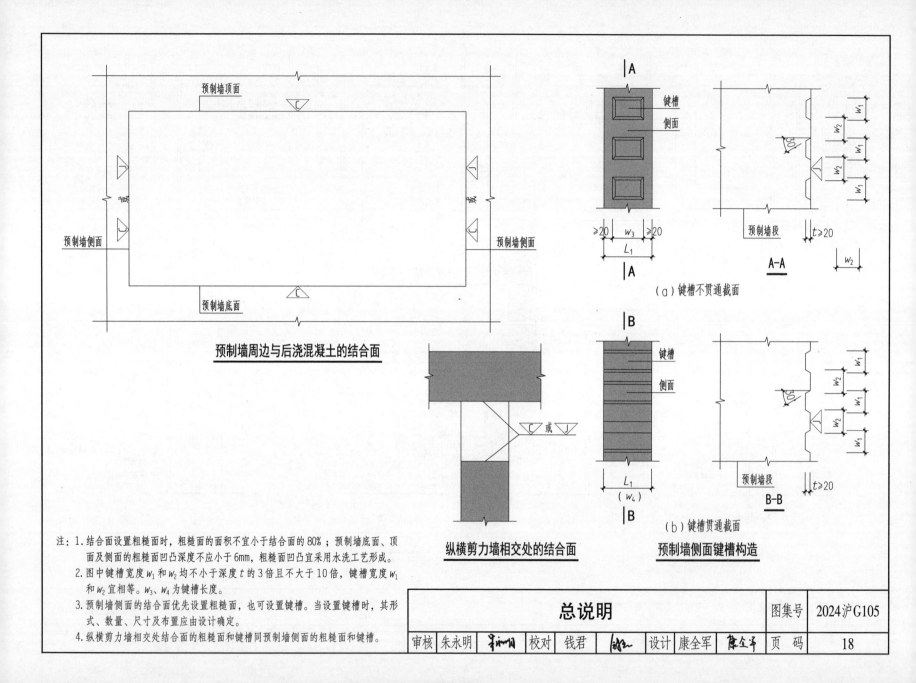

预制墙顶面

C

成

J

预制墙侧面

预制墙底面

C

预制墙侧面

预制墙周边与后浇混凝土的结合面

A

键槽

侧面

≥20 w_3 ≥20

L_1

A

≥20 w_3 ≥20

30

预制墙段 t≥20

w_1
w_2
w_1
w_2
w_1

A-A

w_2

（a）键槽不贯通截面

C 或 J

纵横剪力墙相交处的结合面

B

键槽

侧面

L_1
(w_4)

B

30

预制墙段 t≥20

w_1
w_2
w_1
w_2
w_1

B-B

（b）键槽贯通截面

预制墙侧面键槽构造

注：1.结合面设置粗糙面时，粗糙面的面积不宜小于结合面的80%；预制墙底面、顶面及侧面的粗糙面凹凸深度不应小于6mm，粗糙面凹凸宜采用水洗工艺形成。

2.图中键槽宽度 w_1 和 w_2 均不小于深度 t 的3倍且不大于10倍，键槽深度 w_1 和 w_2 宜相等。w_3、w_4 为键槽长度。

3.预制墙侧面的结合面优先设置粗糙面，也可设置键槽。当设置键槽时，其形式、数量、尺寸及布置应由设计确定。

4.纵横剪力墙相交处结合面的粗糙面和键槽同预制墙侧面的粗糙面和键槽。

总说明		图集号	2024沪G105
审核 朱永明	校对 钱君	设计 康全军	页码 18

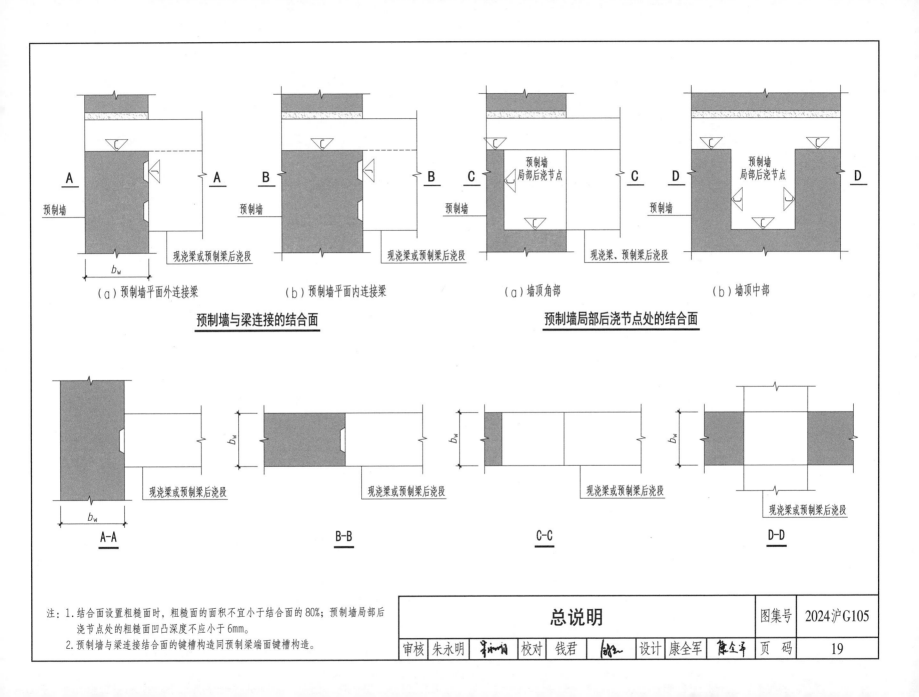

（a）预制墙平面外连接梁　　　　　（b）预制墙平面内连接梁　　　　　（a）墙顶角部　　　　　（b）墙顶中部

预制墙 b_w

预制墙

现浇梁或预制梁后浇段

预制墙局部后浇节点

预制墙

现浇梁或预制梁后浇段

预制墙局部后浇节点

现浇梁、预制梁后浇段

预制墙与梁连接的结合面　　　　　　　　　　　**预制墙局部后浇节点处的结合面**

b_w

现浇梁或预制梁后浇段

b_w

现浇梁或预制梁后浇段

b_w

现浇梁或预制梁后浇段

现浇梁或预制梁后浇段

A-A　　　　　　　　**B-B**　　　　　　　　**C-C**　　　　　　　　**D-D**

注：1.结合面设置粗糙面时，粗糙面的面积不宜小于结合面的80%；预制墙局部后
　　　浇节点处的粗糙面凹凸深度不应小于6mm。
　　2.预制墙与梁连接结合面的键槽构造同预制梁端面键槽构造。

总说明	图集号	**2024沪G105**
审核 朱永明 校对 钱君 设计 康全军	页 码	19

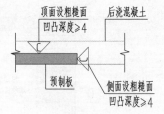

（a）采用后浇段连接

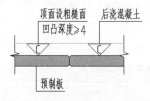

（b）采用密拼接缝

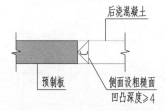

（c）全预制板

预制板与后浇混凝土的结合面

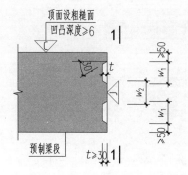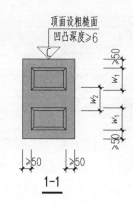

1-1

（a）梁端设不贯通截面的键槽

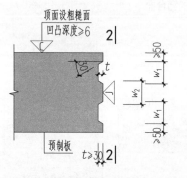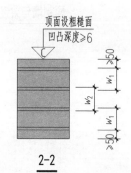

2-2

（b）梁端设贯通截面的键槽

顶面无凹口预制梁与后浇混凝土的结合面

（$3t \leqslant w_1 \leqslant 10t$，$3t \leqslant w_2 \leqslant 10t$）

注：1.当结合面设粗糙面时，粗糙面的面积不宜小于结合面的80%。
　　2.预制梁端应设键槽，其形式、数量、尺寸及布置应由设计确定。当预制梁端设粗糙面时，粗糙面凹凸深度不应小于6mm，粗糙面凹凸宜采用水洗工艺形成。

总说明							图集号	2024沪G105
审核	朱永明	李利明	校对	钱君		设计	康全军	
							页　码	20

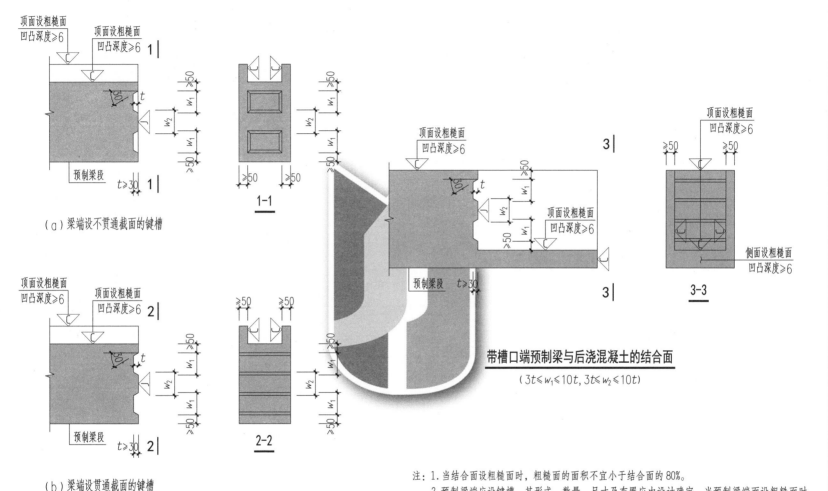

（a）梁端设不贯通截面的键槽

1-1

（b）梁端设贯通截面的键槽

2-2

顶面有凹口预制梁与后浇混凝土的结合面
（$3t \leqslant w_1 \leqslant 10t$, $3t \leqslant w_2 \leqslant 10t$）

顶面设粗糙面
凹凸深度≥6

预制梁段　$t \geqslant 30$

带槽口端预制梁与后浇混凝土的结合面
（$3t \leqslant w_1 \leqslant 10t$, $3t \leqslant w_2 \leqslant 10t$）

3-3

顶面设粗糙面
凹凸深度≥6

侧面设粗糙面
凹凸深度≥6

注：1. 当结合面设粗糙面时，粗糙面的面积不宜小于结合面的80%。
　　2. 预制梁端应设键槽，其形式、数量、尺寸及布置应由设计确定。当预制梁端面设粗糙面时，粗糙面凹凸深度不小于6mm。

总说明	图集号	2024沪G105

审核	朱永明		校对	钱君		设计	康全军		页码	21

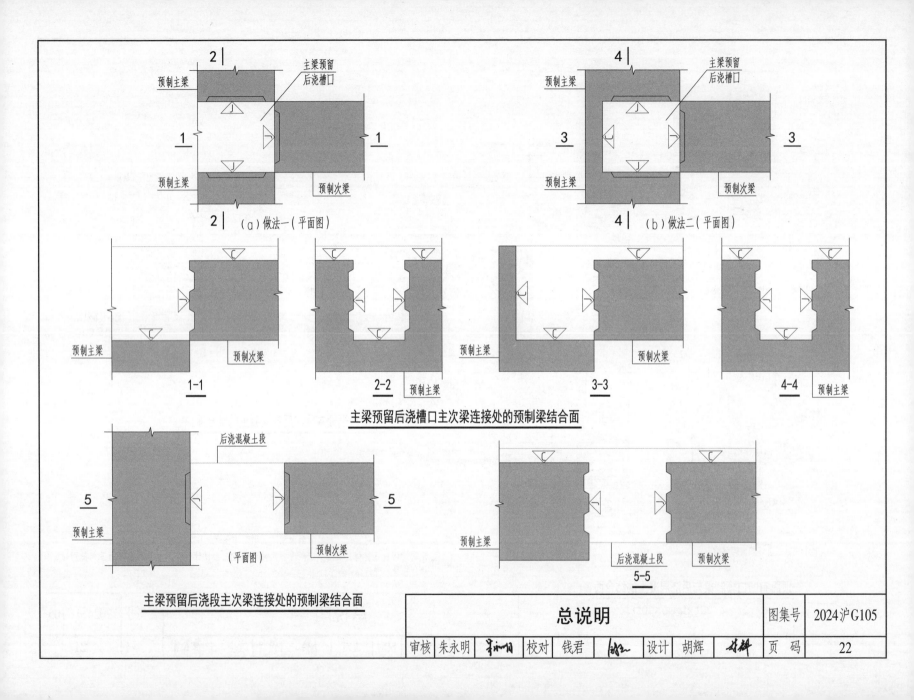

预制主梁　　主梁预留后浇槽口　　预制次梁

2-2　　1-1

（a）做法一（平面图）

预制主梁　　主梁预留后浇槽口　　预制次梁

（b）做法二（平面图）

预制主梁　　预制次梁　　预制主梁　　预制主梁　　预制次梁　　预制主梁

1-1　　2-2　　3-3　　4-4

主梁预留后浇槽口主次梁连接处的预制梁结合面

后浇混凝土段

预制主梁　　（平面图）　　预制次梁

预制主梁　　后浇混凝土段　　预制次梁

5-5

主梁预留后浇段主次梁连接处的预制梁结合面

总说明	图集号	2024沪G105
审核 朱永明　校对 钱君　设计 胡辉	页 码	22

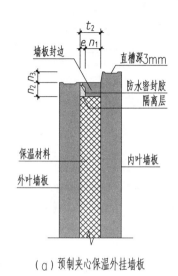

（a）预制夹心保温外挂墙板

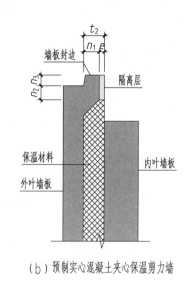

（b）预制实心混凝土夹心保温剪力墙

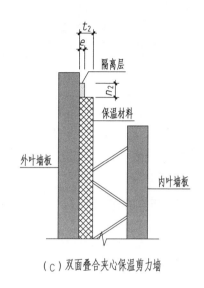

（c）双面叠合夹心保温剪力墙

预制夹心保温外墙板板边构造示意图

注：1. e－隔离层厚度；n_1－墙板封边厚度；n_2－墙板封边高度；n_3－高低缝高差；
t_2－保温层厚度。

2. 墙板顶边应采用混凝土和隔离层材料进行封边处理。隔离层厚度 e 不应大于夹心保温层厚度 t_2 的 1/2 且不得大于 30mm，墙板封边高度 n_2 不应大于 60mm。

总说明						图集号	2024沪G105
审核	朱永明	校对	钱君	设计	胡辉	页码	23

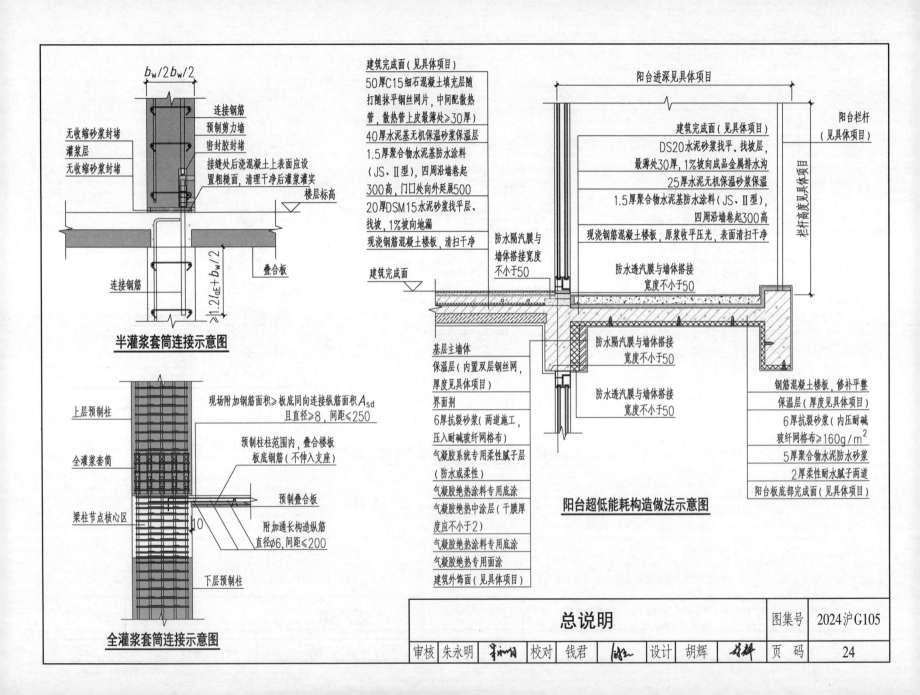

$b_w/2$ $b_w/2$

连接钢筋
预制剪力墙
密封胶封堵
接缝处后浇混凝土上表面应设置粗糙面,清理干净后灌浆灌实

无收缩砂浆封堵
灌浆层
无收缩砂浆封堵

连接钢筋

楼层标高

叠合板

$\geq 1.2 l_{aE} + b_w/2$

半灌浆套筒连接示意图

上层预制柱

全灌浆套筒

梁柱节点核心区

下层预制柱

现场附加钢筋面积≥板底同向连接纵筋面积A_{sd}且直径≥8,间距≤250

预制柱柱范围内,叠合楼板板底钢筋(不伸入支座)

预制叠合板

附加通长构造纵筋直径ϕ6,间距≤200

10

全灌浆套筒连接示意图

建筑完成面(见具体项目)
50厚C15细石混凝土填充层随打随抹平钢丝网片,中间配散热管,散热管上皮最薄处≥30厚)
40厚水泥基无机保温砂浆保温层
1.5厚聚合物水泥基防水涂料(JS、Ⅱ型),四周沿墙卷起300高,门口处向外延展500
20厚DSM15水泥砂浆找平层,找坡,1%坡向地漏
现浇钢筋混凝土楼板,清扫干净

建筑完成面

基层主墙体
保温层(内置双层钢丝网,厚度见具体项目)
界面剂
6厚抗裂砂浆(两道施工,压入耐碱玻纤网格布)
气凝胶系统专用柔性腻子层(防水或柔性)
气凝胶绝热涂料专用底涂
气凝胶绝热中涂层(干膜厚度应不小于2)
气凝胶绝热涂料专用底涂
气凝胶绝热专用面涂
建筑外饰面(见具体项目)

阳台进深见具体项目

阳台栏杆(见具体项目)

建筑完成面(见具体项目)
DS20水泥砂浆找平、找坡层,最薄处30厚,1%坡向成品金属排水沟
25厚水泥无机保温砂浆保温
1.5厚聚合物水泥基防水涂料(JS、Ⅱ型),四周沿墙卷起300高
现浇钢筋混凝土楼板,原浆收平压光,表面清扫干净

防水隔汽膜与墙体搭接宽度不小于50

防水透汽膜与墙体搭接宽度不小于50

防水隔汽膜与墙体搭接宽度不小于50

防水透汽膜与墙体搭接宽度不小于50

钢筋混凝土楼板,修补平整
保温层(厚度见具体项目)
6厚抗裂砂浆(内压耐碱玻纤网格布≥160g/m²)
5厚聚合物水泥防水砂浆
2厚柔性耐水腻子两道
阳台板底部完成面(见具体项目)

阳台超低能耗构造做法示意图

<table>
<tr><td colspan="7">**总说明**</td><td>图集号</td><td>2024沪G105</td></tr>
<tr><td>审核</td><td>朱永明</td><td></td><td>校对</td><td>钱君</td><td></td><td>设计</td><td>胡辉</td><td></td></tr>
<tr><td colspan="9" style="text-align:right">页 码   24</td></tr>
</table>

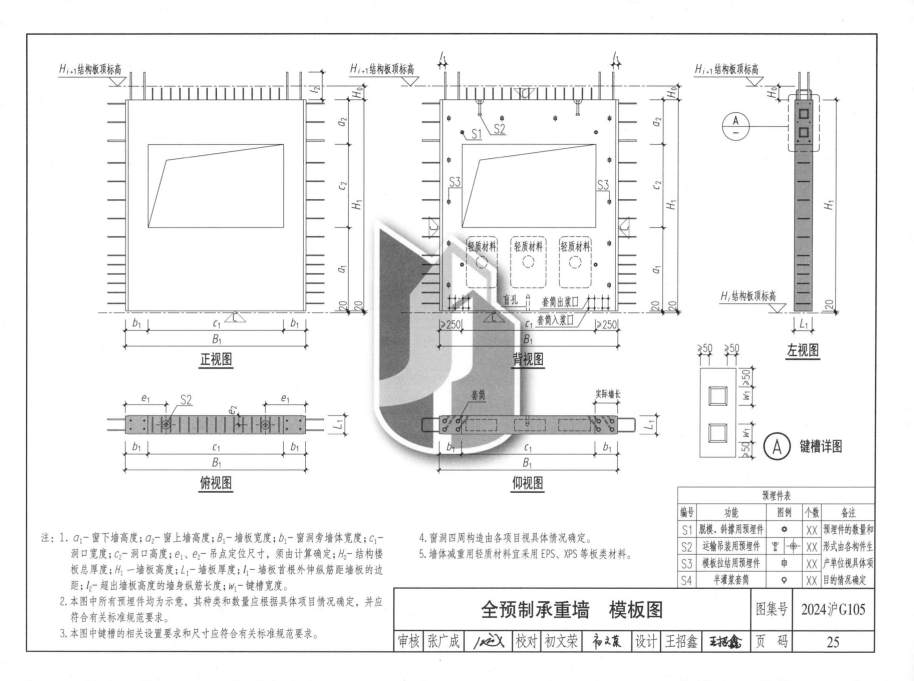

正视图

背视图

左视图

俯视图

仰视图

键槽详图 (A)

注：1. a_1-窗下墙高度；a_2-窗上墙高度；B_1-墙板宽度；b_1-窗洞旁墙体宽度；c_1-洞口宽度；c_2-洞口高度；e_1、e_2-吊点定位尺寸，须由计算确定；H_0-结构楼板总厚度；H_1-墙板高度；L_1-墙板厚度；l_1-墙板首根外伸纵筋距墙板的边距；l_2-超出墙板高度的墙身纵筋长度；w_1-键槽宽度。

2. 本图中所有预埋件均为示意，其种类和数量应根据具体项目情况确定，并应符合有关标准规范要求。

3. 本图中键槽的相关设置要求和尺寸应符合有关标准规范要求。

4. 窗洞四周构造由各项目视具体情况确定。

5. 墙体减重用轻质材料宜采用EPS、XPS等板类材料。

预埋件表

编号	功能	图例	个数	备注
S1	脱模、斜撑用预埋件	✿	XX	预埋件的数量和
S2	运输吊装用预埋件	⊥ ⊕	XX	形式由各构件生
S3	模板拉结用预埋件	中	XX	产单位视具体项
S4	半灌浆套筒	°	XX	目的情况确定

全预制承重墙　模板图

审核	张广成	校对	初文荣	设计	王招鑫

图集号　2024沪G105

页　码　25

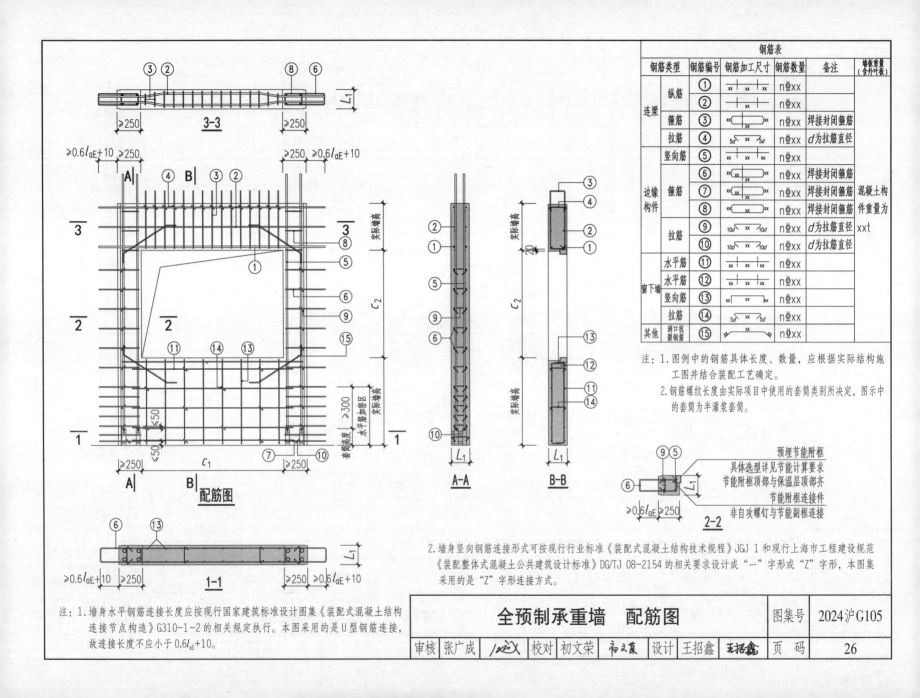

钢筋表

钢筋类型		钢筋编号	钢筋加工尺寸	钢筋数量	备注	墙板重量（含外叶板）
连梁	纵筋	①	xx | xx | xx	nΦxx		
		②	| xx |	nΦxx		
	箍筋	③	xx [ ] xx	nΦxx	焊接封闭箍筋	
	拉筋	④	5d⌐⌐5d	nΦxx	d为拉筋直径	
边缘构件	竖向筋	⑤	xx | xx | xx	nΦxx		混凝土构件重量为 xxt
	箍筋	⑥	xx [ ] xx	nΦxx	焊接封闭箍筋	
		⑦	xx [ ] xx	nΦxx	焊接封闭箍筋	
		⑧	[ ]	nΦxx	焊接封闭箍筋	
	拉筋	⑨	10d⌐⌐10d	nΦxx	d为拉筋直径	
		⑩	10d⌐⌐10d	nΦxx	d为拉筋直径	
窗下墙	水平筋	⑪	xx | xx | xx	nΦxx		
	水平筋	⑫	xx | xx | xx	nΦxx		
	竖向筋	⑬	xx | xx |	nΦxx		
	拉筋	⑭	5d⌐⌐5d	nΦxx		
其他	洞口抗裂钢筋	⑮	⌐ xx ⌐	nΦxx		

3-3

≥250   ≥250

≥0.6l_{aE}+10 ≥250   250 ≥0.6l_{aE}+10

配筋图

≥250 c_1 ≥250

实际墙高
水平筋加密区
套筒高度
≤50
>300
≤50

A-A   B-B

c_2 c_2

20

≥0.6l_{aE}+10 ≥250   ≥250 ≥0.6l_{aE}+10

1-1

2-2

⑨⑤
⑥

预埋节能附框
具体选型详见节能计算要求
节能附框顶部与保温层顶部齐
节能附框连接件
非自攻螺钉与节能副框连接

≥0.6l_{aE} ≥250

注：1.图例中的钢筋具体长度、数量，应根据实际结构施工图并结合装配工艺确定。

2.钢筋螺纹长度由实际项目中使用的套筒类别所决定，图示中的套筒为半灌浆套筒。

2.墙身竖向钢筋连接形式可按现行行业标准《装配式混凝土结构技术规程》JGJ 1和现行上海市工程建设规范《装配整体式混凝土公共建筑设计标准》DG/TJ 08-2154的相关要求设计成"一"字形或"Z"字形，本图集采用的是"Z"字形连接方式。

注：1.墙身水平钢筋连接长度应按现行国家建筑标准设计图集《装配式混凝土结构连接节点构造》G310-1~2的相关规定执行。本图采用的是U型钢筋连接，故连接长度不应小于0.6l_{aE}+10。

全预制承重墙 配筋图

图集号	2024沪G105
审核 张广成	校对 初文荣	设计 王招鑫	页码 26

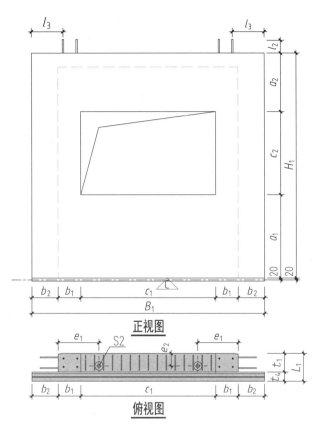

正视图

俯视图

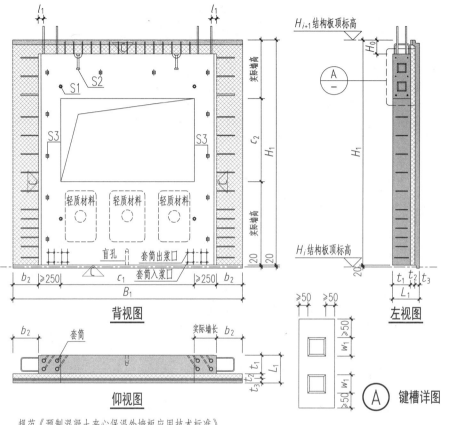

背视图

仰视图

A 键槽详图

注：1. a_1－窗下墙高度；a_2－窗上墙高度；B_1－混凝土外叶墙板总宽度；b_1－窗洞旁墙体宽度；b_2－混凝土外叶板悬挑长度；c_1－洞口宽度；c_2－洞口高度；e_1、e_2－吊点定位尺寸，须由计算确定；H_0－结构楼板总厚度；H_1－外叶墙板高度；L_1－墙板厚度；l_1－墙板首根外伸纵筋距内叶墙板的边距；l_2－超出外叶墙板高度的墙身纵筋长度；l_3－墙板首根外伸纵筋距外叶墙板的边距；t_1－内叶墙板厚度；t_2－保温层厚度；t_3－外叶墙板厚度；t_4－外叶墙板厚度和保温层总厚度；w_1－键槽宽度。

2. 本图中所有预埋件均为示意，其种类和数量应根据具体项目情况确定，并应符合有关标准规范要求。

3. 外叶墙板封边要求及设置封边后的节能设计要求，详见现行上海市工程建设

规范《预制混凝土夹心保温外墙板应用技术标准》DG/TJ 08-2158。

4. 本图中键槽的相关设置要求和尺寸应符合有关标准规范要求。

5. 窗洞四周构造由各项目视具体情况确定。

6. 外叶板四周构造由各项目视具体情况确定。

7. 墙体减重用轻质材料宜采用EPS、XPS等板类材料。

预埋件表				
编号	功能	图例	个数	备注
S1	脱模、斜撑用预埋件	✿	XX	预埋件的数量和
S2	运输吊装用预埋件	⊤⊕	XX	形式由各构件生
S3	模板拉结用预埋件	中	XX	产单位视具体项
S4	半灌浆套筒	⊙	XX	目的情况确定

全预制承重墙（夹心保温）模板图

图集号 2024沪G105

审核	张广成		校对	初文荣		设计	王招鑫		页 码	27

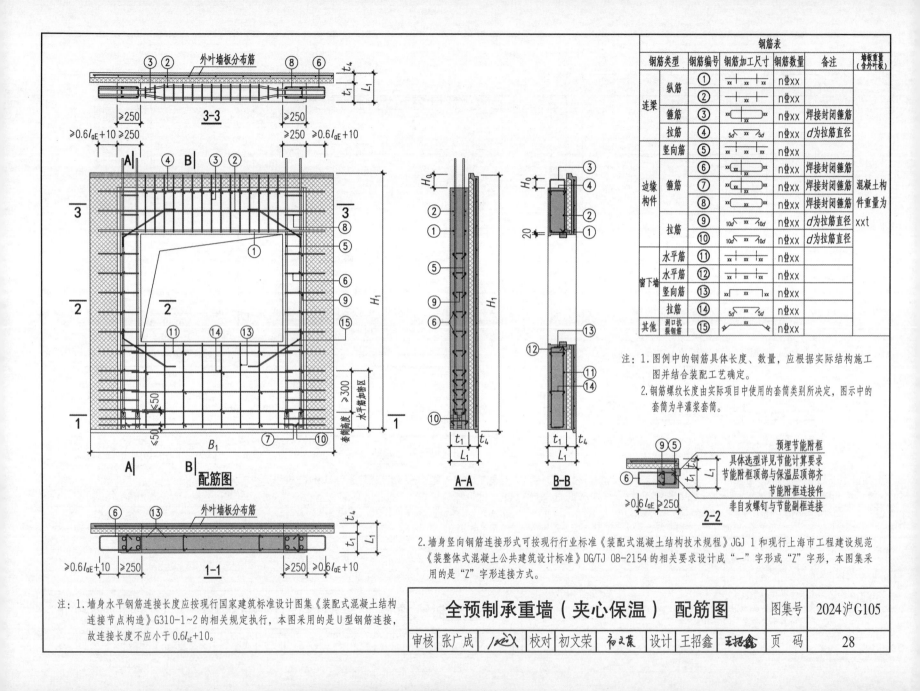

钢筋表

钢筋类型		钢筋编号	钢筋加工尺寸	钢筋数量	备注	墙板重量(含外叶板)
连梁	纵筋	①		nΦxx		
		②		nΦxx		
	箍筋	③		nΦxx	焊接封闭箍筋	
	拉筋	④		nΦxx	d为拉筋直径	
边缘构件	竖向筋	⑤		nΦxx		
	箍筋	⑥		nΦxx	焊接封闭箍筋	混凝土构件重量为 xxt
		⑦		nΦxx	焊接封闭箍筋	
		⑧		nΦxx	焊接封闭箍筋	
	拉筋	⑨		nΦxx	d为拉筋直径	
		⑩		nΦxx	d为拉筋直径	
窗下墙	水平筋	⑪		nΦxx		
	水平筋	⑫		nΦxx		
	竖向筋	⑬		nΦxx		
	拉筋	⑭		nΦxx		
其他	洞口抗裂钢筋	⑮		nΦxx		

注：1.图例中的钢筋具体长度、数量，应根据实际结构施工图并结合装配工艺确定。

2.钢筋螺纹长度由实际项目中使用的套筒类别所决定，图示中的套筒为半灌浆套筒。

3-3

1-1

注：1. 墙身水平钢筋连接长度应按现行国家建筑标准设计图集《装配式混凝土结构连接节点构造》G310-1~2 的相关规定执行，本图采用的是U型钢筋连接，故连接长度不应小于 $0.6l_{aE}+10$。

配筋图

A-A

B-B

2-2

预埋节能附框
具体选型详见节能计算要求
节能附框顶部与保温层顶部齐
节能附框连接件
非自攻螺钉与节能副框连接

2. 墙身竖向钢筋连接形式可按现行行业标准《装配式混凝土结构技术规程》JGJ 1 和现行上海市工程建设规范《装配整体式混凝土公共建筑设计标准》DG/TJ 08-2154 的相关要求设计成"一"字形或"Z"字形，本图集采用的是"Z"字形连接方式。

全预制承重墙（夹心保温）配筋图	图集号	2024沪G105

| 审核 | 张广成 | | 校对 | 初文荣 | | 设计 | 王招鑫 | | 页码 | 28 |

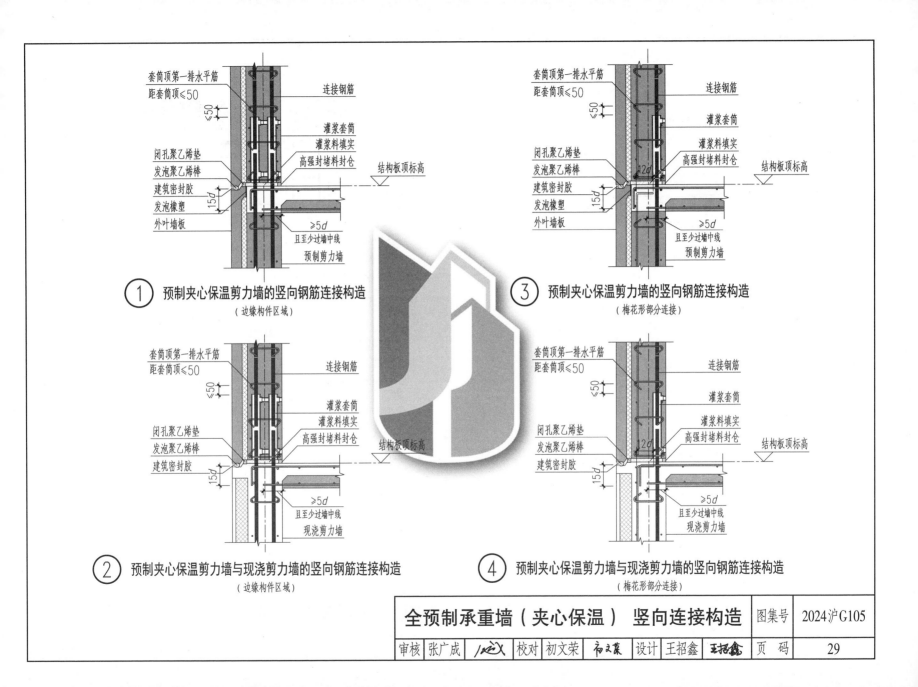

① 预制夹心保温剪力墙的竖向钢筋连接构造
（边缘构件区域）

套筒顶第一排水平筋距套筒顶≤50
连接钢筋
≤50
灌浆套筒
灌浆料填实
闭孔聚乙烯垫
发泡聚乙烯棒
高强封堵料封仓
结构板顶标高
建筑密封胶
15d
发泡橡塑
外叶墙板
≥5d
且至少过墙中线
预制剪力墙

② 预制夹心保温剪力墙与现浇剪力墙的竖向钢筋连接构造
（边缘构件区域）

套筒顶第一排水平筋距套筒顶≤50
连接钢筋
≤50
灌浆套筒
灌浆料填实
闭孔聚乙烯垫
发泡聚乙烯棒
高强封堵料封仓
结构板顶标高
建筑密封胶
15d
≥5d
且至少过墙中线
现浇剪力墙

③ 预制夹心保温剪力墙的竖向钢筋连接构造
（梅花形部分连接）

套筒顶第一排水平筋距套筒顶≤50
连接钢筋
≤50
灌浆套筒
12d
灌浆料填实
闭孔聚乙烯垫
发泡聚乙烯棒
高强封堵料封仓
结构板顶标高
建筑密封胶
15d
发泡橡塑
外叶墙板
≥5d
且至少过墙中线
预制剪力墙

④ 预制夹心保温剪力墙与现浇剪力墙的竖向钢筋连接构造
（梅花形部分连接）

套筒顶第一排水平筋距套筒顶≤50
连接钢筋
≤50
灌浆套筒
12d
灌浆料填实
闭孔聚乙烯垫
发泡聚乙烯棒
高强封堵料封仓
结构板顶标高
建筑密封胶
15d
≥5d
且至少过墙中线
现浇剪力墙

全预制承重墙（夹心保温）竖向连接构造					图集号	2024沪G105
审核	张广成	校对	初文荣	设计	王招鑫	页码 29

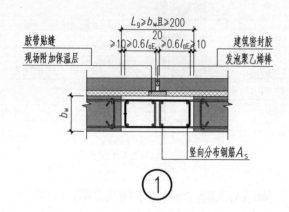

①

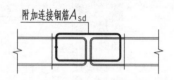

附加封闭连接钢筋与预留U型钢筋连接

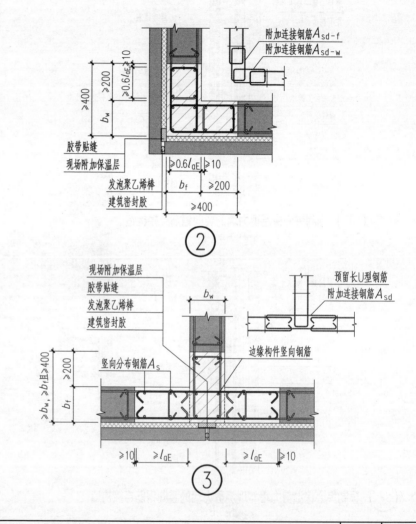

②

③

注：1. 本页预制墙间的①水平连接构造适用于剪力墙非边缘构件部分。

2. 后浇段的宽度不应小于墙厚且不宜小于200mm；后浇段内应设置不少于4根竖向分布钢筋A_s。

3. 节点②构造做法的锚固长度l_{aE}不应计入"锚固区保护层厚度"和"实际配筋面积大于设计计算面积"两项修正系数。

全预制承重墙（夹心保温） 水平连接构造

图集号 **2024沪G105**

审核 张广成 | 校对 初文荣 | 设计 王招鑫 | 页 码 **30**

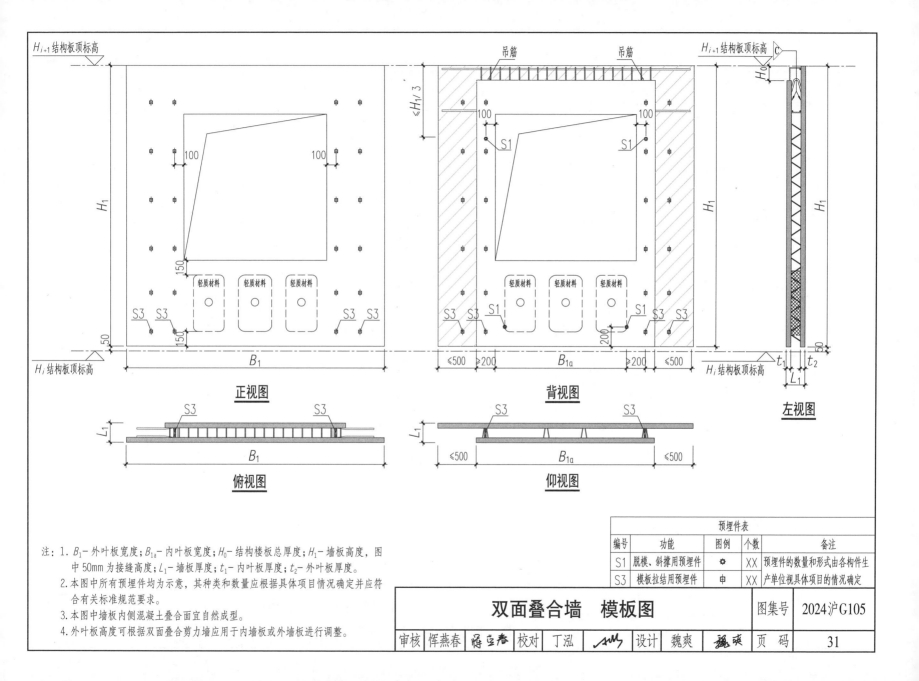

正视图

俯视图

背视图

仰视图

左视图

注：1. B_1－外叶板宽度；B_{1a}－内叶板宽度；H_0－结构楼板总厚度；H_1－墙板高度，图中50mm为接缝高度；L_1－墙板厚度；t_1－内叶板厚度；t_2－外叶板厚度。

2. 本图中所有预埋件均为示意，其种类和数量应根据具体项目情况确定并应符合有关标准规范要求。

3. 本图中墙板内侧混凝土叠合面宜自然成型。

4. 外叶板高度可根据双面叠合剪力墙应用于内墙板或外墙板进行调整。

预埋件表				
编号	功能	图例	个数	备注
S1	脱模、斜撑用预埋件	✿	XX	预埋件的数量和形式由各构件生
S3	模板拉结用预埋件	⊕	XX	产单位视具体项目的情况确定

双面叠合墙　模板图

图集号 **2024沪G105**

审核	恽燕春	将立春	校对	丁泓		设计	魏爽		页 码

31

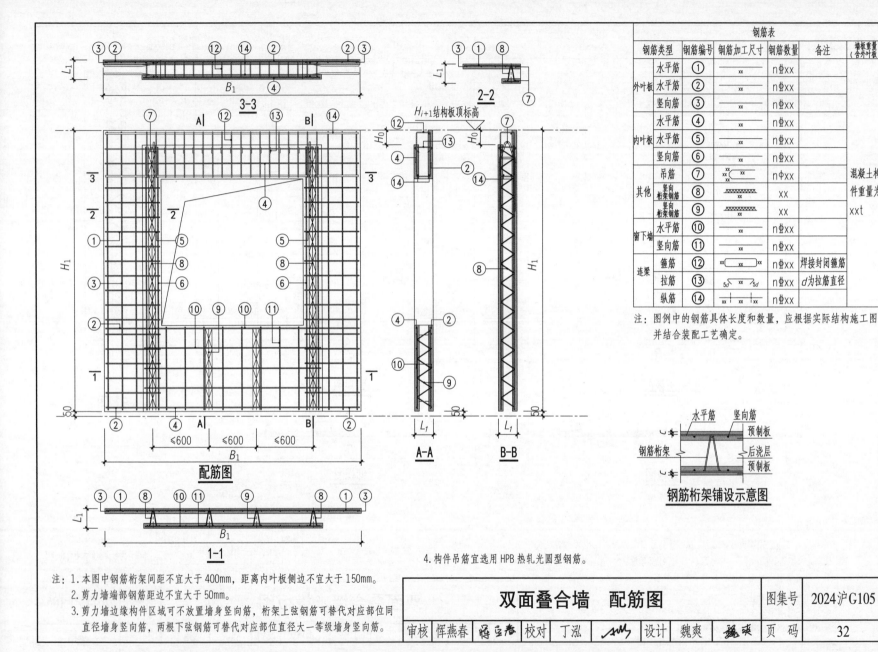

3-3

2-2

H_{i+1}结构板顶标高

A-A

B-B

配筋图

1-1

钢筋表					
钢筋类型		钢筋编号	钢筋加工尺寸	钢筋数量	备注	墙板重量(含外叶板)
外叶板	水平筋	①	—— xx	nΦxx		
	水平筋	②	—— xx	nΦxx		
	竖向筋	③	—— xx	nΦxx		
内叶板	水平筋	④	—— xx	nΦxx		
	水平筋	⑤	—— xx	nΦxx		
	竖向筋	⑥	—— xx	nΦxx		
其他	吊筋	⑦	xx xx	nΦxx	混凝土构
	竖向桁架钢筋	⑧		xx	件重量为
	竖向桁架钢筋	⑨		xx	xxt
窗下墙	水平筋	⑩	—— xx	nΦxx	
	竖向筋	⑪	—— xx	nΦxx	
连梁	箍筋	⑫	xx[ ]xx	nΦxx	焊接封闭箍筋
	拉筋	⑬	5d ⌐ 5d	nΦxx	d为拉筋直径
	纵筋	⑭	xx xx	nΦxx	

注：图例中的钢筋具体长度和数量，应根据实际结构施工图
并结合装配工艺确定。

钢筋桁架铺设示意图

4.构件吊筋宜选用HPB热轧光圆型钢筋。

注：1.本图中钢筋桁架间距不宜大于400mm，距离内叶板侧边不宜大于150mm。
2.剪力墙端部钢筋距边不宜大于50mm。
3.剪力墙边缘构件区域可不放置墙身竖向筋，桁架上弦钢筋可替代对应部位同
直径墙身竖向筋，两根下弦钢筋可替代对应部位直径大一等级墙身竖向筋。

双面叠合墙　配筋图

图集号	2024沪G105
审核 恽燕春 恽燕春 校对 丁泓	设计 魏爽 魏爽
页码	32

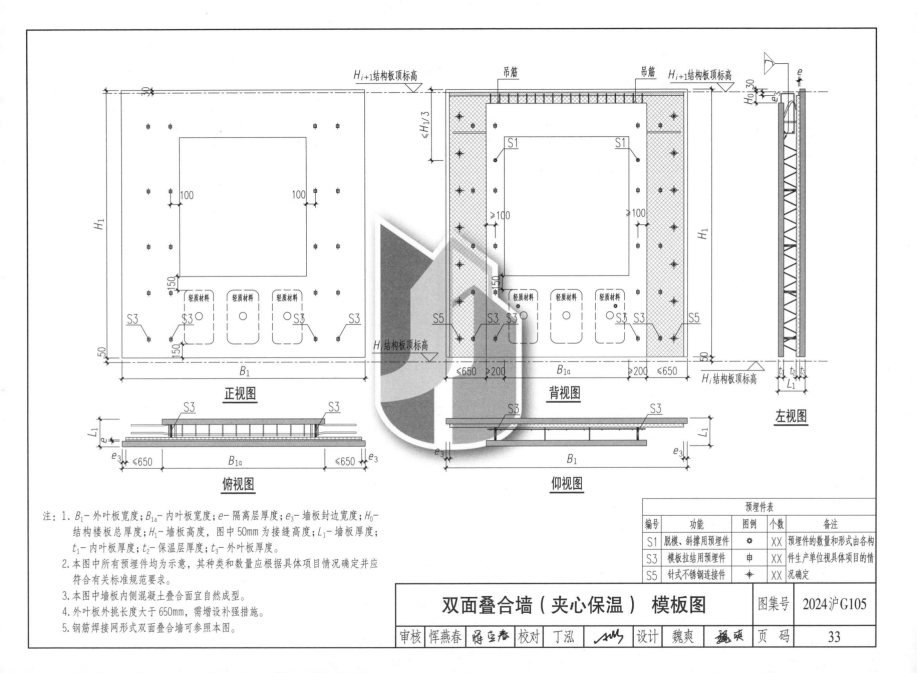

正视图

背视图

左视图

俯视图

仰视图

注：1. B_1 - 外叶板宽度；B_{1a} - 内叶板宽度；e - 隔离层厚度；e_3 - 墙板封边宽度；H_0 - 结构楼板总厚度；H_1 - 墙板高度，图中50mm为接缝高度；L_1 - 墙板厚度；t_1 - 内叶板厚度；t_2 - 保温层厚度；t_3 - 外叶板厚度。

2. 本图中所有预埋件均为示意，其种类和数量应根据具体项目情况确定并应符合有关标准规范要求。

3. 本图中墙板内侧混凝土叠合面宜自然成型。

4. 外叶板外挑长度大于650mm，需增设补强措施。

5. 钢筋焊接网形式双面叠合墙可参照本图。

预埋件表

编号	功能	图例	个数	备注
S1	脱模、斜撑用预埋件	✿	XX	预埋件的数量和形式由各构
S3	模板拉结用预埋件	⊕	XX	件生产单位视具体项目的情
S5	针式不锈钢连接件	◆	XX	况确定

双面叠合墙（夹心保温）模板图

				图集号	2024沪G105
审核	恽燕春	校对	丁泓	页码	33
		设计	魏爽		

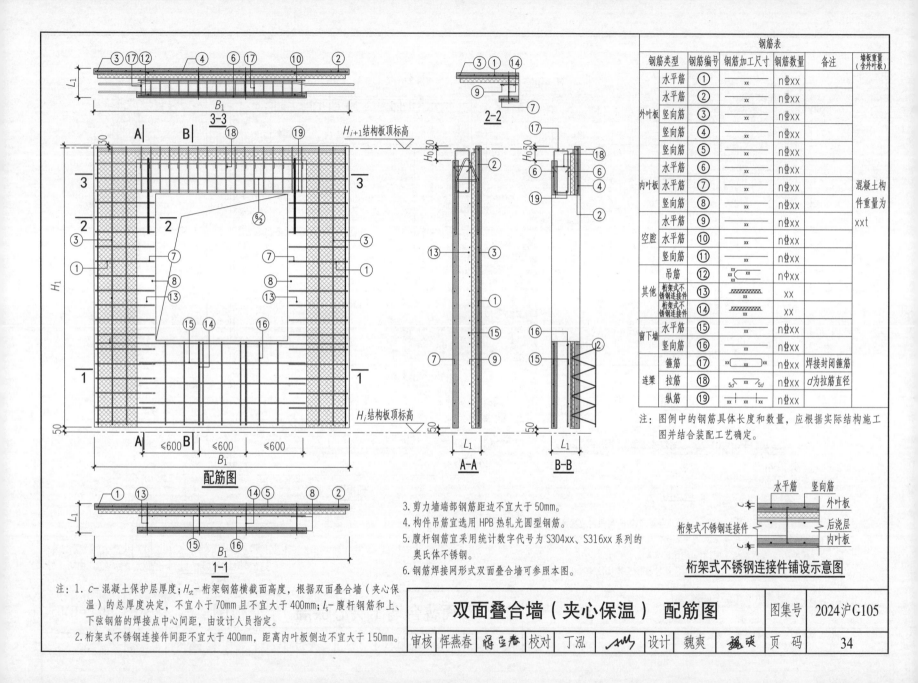

钢筋表

钢筋类型		钢筋编号	钢筋加工尺寸	钢筋数量	备注	墙体重量（含外叶板）
外叶板	水平筋	①	xx	nΦxx		
	水平筋	②	xx	nΦxx		
	竖向筋	③		nΦxx		
	竖向筋	④	xx	nΦxx		
	竖向筋	⑤	xx	nΦxx		
内叶板	水平筋	⑥		nΦxx		
	水平筋	⑦	xx	nΦxx	混凝土构件重量为 xxt
	竖向筋	⑧		nΦxx		
空腔	水平筋	⑨		nΦxx		
	水平筋	⑩		nΦxx		
	竖向筋	⑪		nΦxx		
其他	吊筋	⑫	xx xx	nΦxx		
	桁架式不锈钢连接件	⑬		xx		
	桁架式不锈钢连接件	⑭		xx		
窗下墙	水平筋	⑮		nΦxx		
	竖向筋	⑯		nΦxx		
连梁	箍筋	⑰	xx xx	nΦxx	焊接封闭箍筋	
	拉筋	⑱	5d 5d	nΦxx	d为拉筋直径	
	纵筋	⑲	xx	nΦxx		

注：图例中的钢筋具体长度和数量，应根据实际结构施工图并结合装配工艺确定。

3-3

2-2

配筋图

1-1

A-A

B-B

H_{i+1}结构板顶标高

H_i结构板顶标高

3.剪力墙端部钢筋距边不宜大于50mm。

4.构件吊筋宜选用 HPB 热轧光圆型钢筋。

5.腹杆钢筋宜采用统计数字代号为 S304xx、S316xx 系列的奥氏体不锈钢。

6.钢筋焊接网形式双面叠合墙可参照本图。

桁架式不锈钢连接件铺设示意图

注：1. c- 混凝土保护层厚度；H_{st}- 桁架钢筋横截面高度，根据双面叠合墙（夹心保温）的总厚度决定，不宜小于 70mm 且不宜大于 400mm；l_s- 腹杆钢筋和上、下弦钢筋的焊接点中心间距，由设计人员指定。

2. 桁架式不锈钢连接件间距不宜大于 400mm，距离内叶板侧边不宜大于 150mm。

双面叠合墙（夹心保温）配筋图

图集号	2024沪G105
审核	恽燕春　将正春
校对	丁泓
设计	魏爽
页码	34

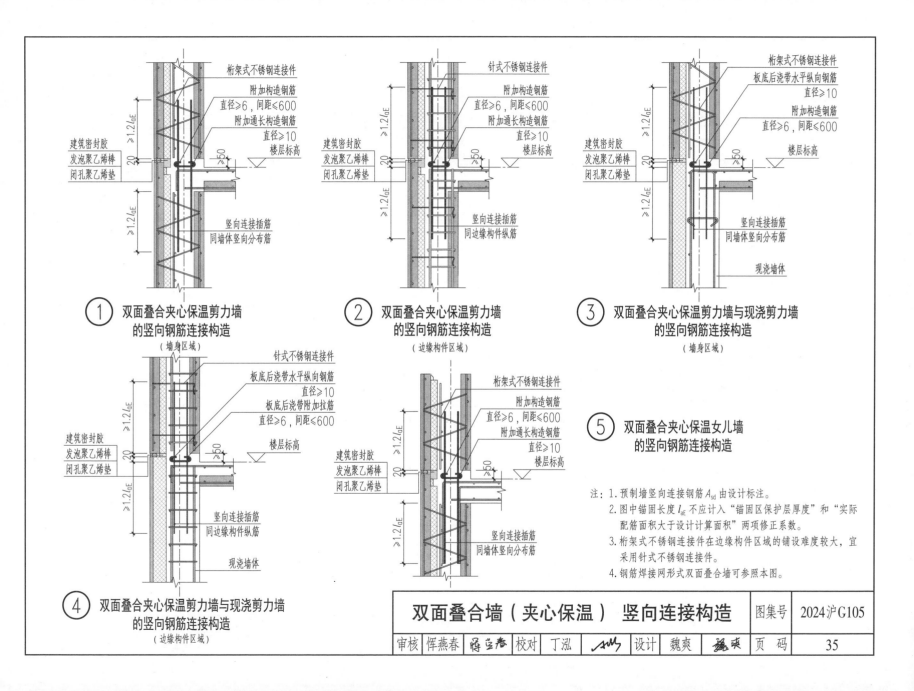

① 双面叠合夹心保温剪力墙
　 的竖向钢筋连接构造
（墙身区域）

② 双面叠合夹心保温剪力墙
　 的竖向钢筋连接构造
（边缘构件区域）

③ 双面叠合夹心保温剪力墙与现浇剪力墙
　 的竖向钢筋连接构造
（墙身区域）

④ 双面叠合夹心保温剪力墙与现浇剪力墙
　 的竖向钢筋连接构造
（边缘构件区域）

⑤ 双面叠合夹心保温女儿墙
　 的竖向钢筋连接构造

注：1.预制墙竖向连接钢筋 A_{sd} 由设计标注。
　　2.图中锚固长度 l_{aE} 不应计入"锚固区保护层厚度"和"实际
　　　配筋面积大于设计计算面积"两项修正系数。
　　3.桁架式不锈钢连接件在边缘构件区域的铺设难度较大，宜
　　　采用针式不锈钢连接件。
　　4.钢筋焊接网形式双面叠合墙可参照本图。

双面叠合墙（夹心保温） 竖向连接构造

图集号　2024沪G105

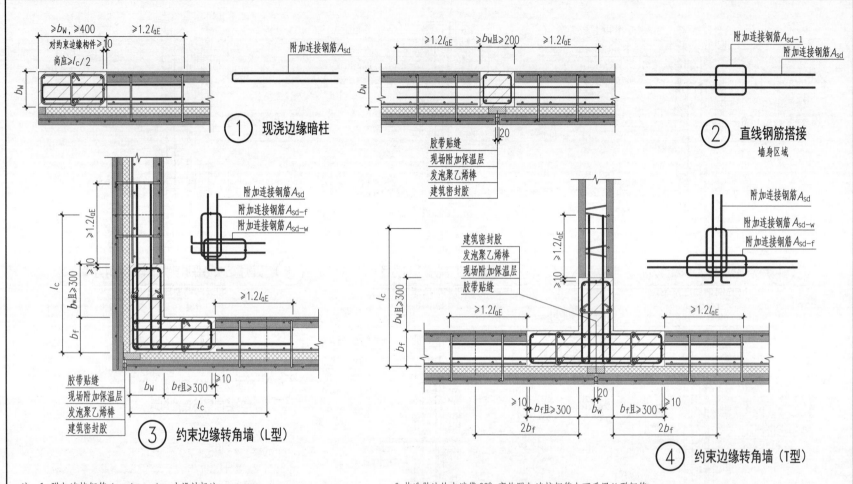

① 现浇边缘暗柱

② 直线钢筋搭接
墙身区域

③ 约束边缘转角墙（L型）

④ 约束边缘转角墙（T型）

注：1.附加连接钢筋 A_{sd}、A_{sd-w}、A_{sd-f} 由设计标注。
  2.构造做法的附加连接钢筋 A_{sd-w}、A_{sd-f} 同时符合水平分布钢筋和约束边缘构件箍筋直径及间距要求时，可代替约束边缘构件箍筋。
  3.构造做法的附加连接钢筋 A_{sd-w}、A_{sd-f} 可计入边缘构件体积配箍率，计入的体积配箍率与总体配箍率之比值，对约束边缘构件不应大于30%。
  4.附加连接钢筋 A_{sd} 也可伸至端部竖向钢筋内侧弯折。
  5.锚固长度 l_{aE} 不应计入"锚固区保护层厚度"和"实际配筋面积大于设计计算面积"两项修正系数。

  6.构造做法的末端带90°弯钩附加连接钢筋也可采用U型钢筋。
  7.约束边缘构件非阴影区的拉筋可由桁架钢筋代替，桁架钢筋的面积、直径、间距应满足拉筋的相关规定。
  8.钢筋焊接网形式双面叠合墙可参照本图。

双面叠合墙（夹心保温） 水平连接构造	图集号	2024沪G105
审核 恽燕春 恽志春 校对 丁泓 ～～～ 设计 魏爽 魏爽	页码	36

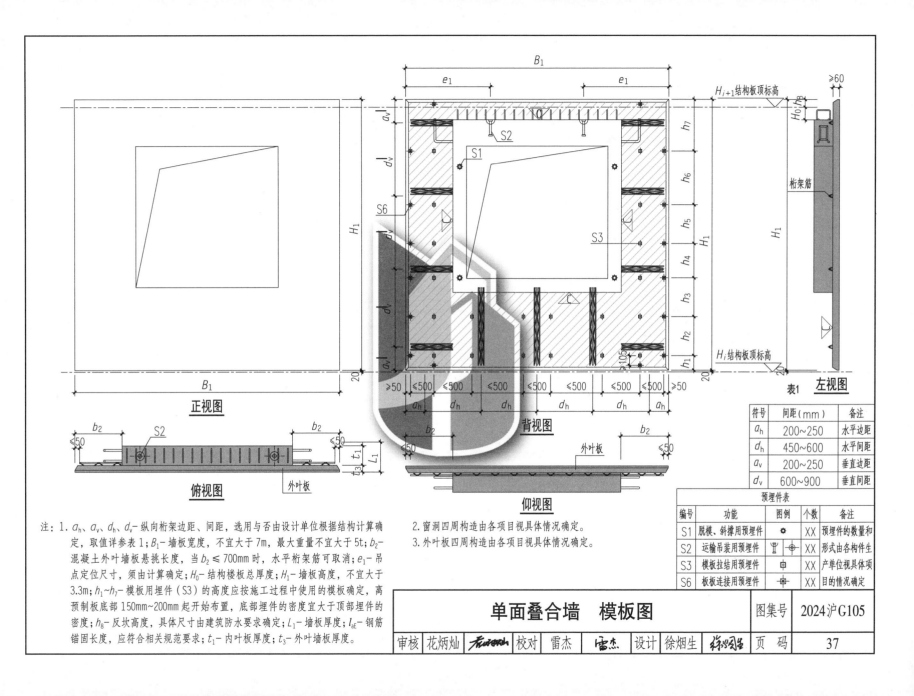

注：1. a_h、a_v、d_h、d_v－纵向桁架边距、间距，选用与否由设计单位根据结构计算确定，取值详参表1；B_1－墙板宽度，不宜大于7m，最大重量不宜大于5t；b_2－混凝土外叶墙板悬挑长度，当$b_2 \leq 700$mm时，水平桁架筋可取消；e_1－吊点定位尺寸，须由计算确定；H_0－结构楼板总厚度；H_1－墙板高度，不宜大于3.3m；$h_1 \sim h_7$－模板用埋件（S3）的高度应按施工过程中使用的模板确定，离预制板底部150mm~200mm起开始布置，底部埋件的密度宜大于顶部埋件的密度；h_8－反坎高度，具体尺寸由建筑防水要求确定；L_1－墙板厚度；l_{aE}－钢筋锚固长度，应符合相关规范要求；t_1－内叶板厚度；t_3－外叶墙板厚度。

2. 窗洞四周构造由各项目视具体情况确定。
3. 外叶板四周构造由各项目视具体情况确定。

正视图 俯视图 背视图 仰视图 左视图 外叶板 桁架筋

表1

符号	间距（mm）	备注
a_h	200~250	水平边距
d_h	450~600	水平间距
a_v	200~250	垂直边距
d_v	600~900	垂直间距

预埋件表

编号	功能	图例	个数	备注
S1	脱模、斜撑用预埋件	❀	XX	预埋件的数量和
S2	运输吊装用预埋件		XX	形式由各构件生
S3	模板拉结用预埋件	中	XX	产单位视具体项
S6	板板连接用预埋件		XX	目的情况确定

单面叠合墙　模板图

图集号 2024沪G105

| 审核 | 花炳灿 | 校对 | 雷杰 | 设计 | 徐烟生 | 页码 | 37 |

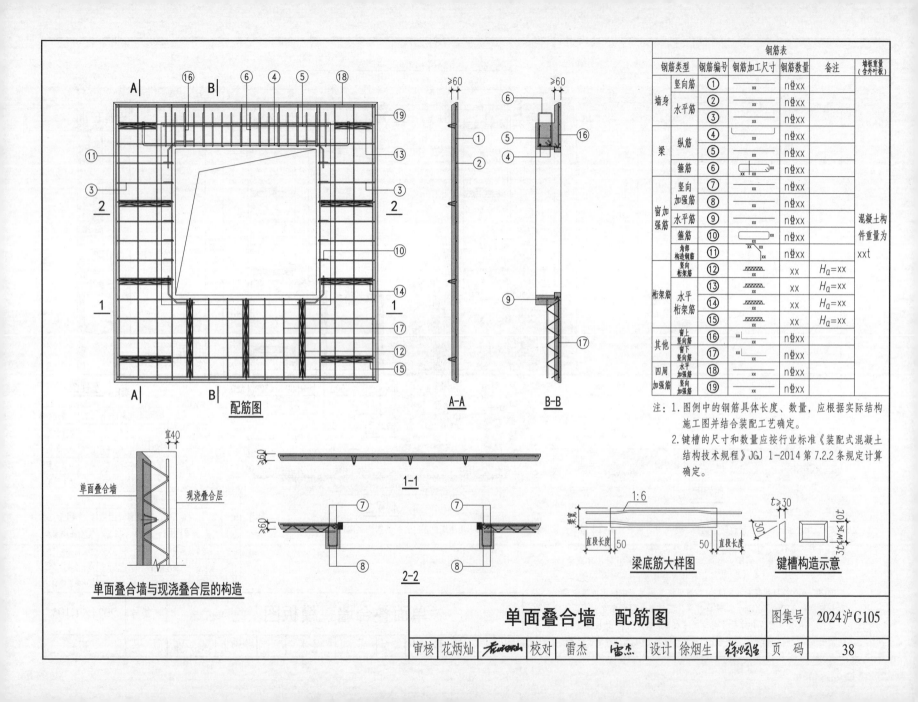

钢筋表					
钢筋类型	钢筋编号	钢筋加工尺寸	钢筋数量	备注	墙板重量(含外叶板)
墙身 竖向筋	①		n⊕xx		
墙身 水平筋	②		n⊕xx		
墙身 水平筋	③	xx	n⊕xx		
梁 纵筋	④	xx	n⊕xx		
梁 纵筋	⑤	xx	n⊕xx		
梁 箍筋	⑥	xx	n⊕xx		
窗加强筋 竖向加强筋	⑦		n⊕xx		
窗加强筋 竖向加强筋	⑧	xx	n⊕xx		
窗加强筋 水平筋	⑨	xx	n⊕xx		
窗加强筋 箍筋	⑩	xx	n⊕xx	混凝土构件重量为 xxt	
窗加强筋 角部构造钢筋	⑪	xx xx	n⊕xx		
桁架筋 竖向桁架筋	⑫	xx	$H_a=xx$		
桁架筋 水平桁架筋	⑬	xx	$H_a=xx$		
桁架筋 水平桁架筋	⑭	xx	$H_a=xx$		
桁架筋 水平桁架筋	⑮	xx	$H_a=xx$		
其他 窗上竖向筋	⑯	xx	n⊕xx		
其他 窗下竖向筋	⑰	xx	n⊕xx		
四周加强筋 水平加强筋	⑱	xx	n⊕xx		
四周加强筋 竖向加强筋	⑲	xx	n⊕xx		

配筋图

A—A   B—B

1—1

2—2

单面叠合墙与现浇叠合层的构造

梁底筋大样图

键槽构造示意

注：1. 图例中的钢筋具体长度、数量，应根据实际结构
　　　施工图并结合装配工艺确定。
　　2. 键槽的尺寸和数量应按行业标准《装配式混凝土
　　　结构技术规程》JGJ 1—2014 第7.2.2条规定计算
　　　确定。

单面叠合墙　配筋图

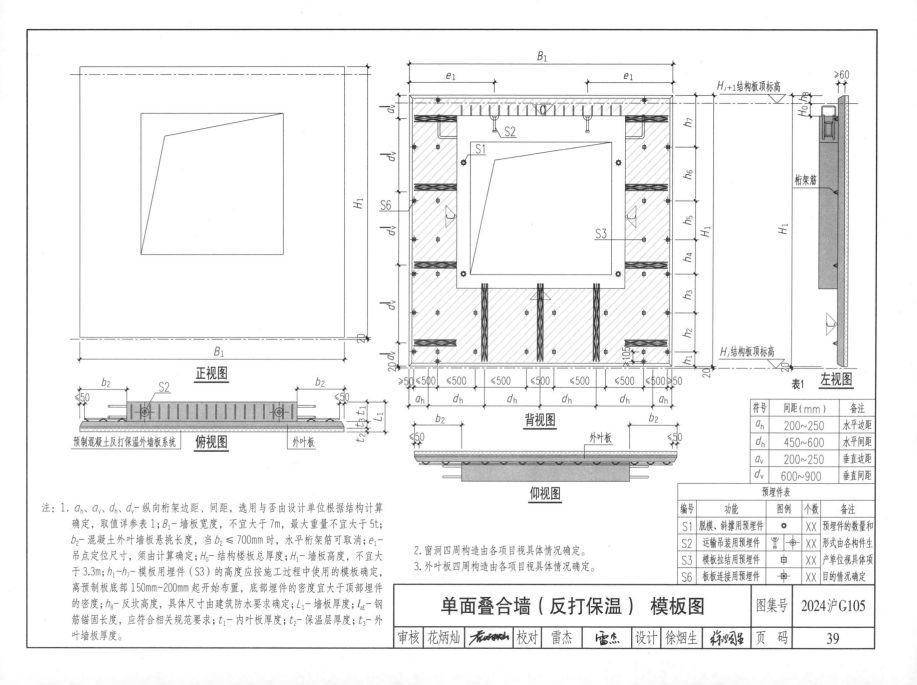

正视图

俯视图

预制混凝土反打保温外墙板系统

外叶板

背视图

仰视图

外叶板

左视图

桁架筋

符号	间距（mm）	备注
a_h	200~250	水平边距
d_h	450~600	水平间距
a_v	200~250	垂直边距
d_v	600~900	垂直间距

表1

预埋件表

编号	功能	图例	个数	备注
S1	脱模、斜撑用预埋件		XX	预埋件的数量和
S2	运输吊装用预埋件		XX	形式由各构件生
S3	模板拉结用预埋件		XX	产单位视具体项
S6	板板连接用预埋件		XX	目的情况确定

2.窗洞四周构造由各项目视具体情况确定。

3.外叶板四周构造由各项目视具体情况确定。

注：1. a_h、a_v、d_h、d_v—纵向桁架边距、间距，选用与否由设计单位根据结构计算确定，取值详参表1；B_1—墙板宽度，不宜大于7m，最大重量不宜大于5t；b_2—混凝土外叶墙板悬挑长度，当 $b_2 \leq 700mm$ 时，水平桁架筋可取消；e_1—吊点定位尺寸，须由计算确定；H_0—结构楼板总厚度；H_1—墙板高度，不宜大于3.3m；$h_1 \sim h_7$—模板用埋件（S3）的高度应按施工过程中使用的模板确定，离预制板底部150mm~200mm起开始布置，底部埋件的密度宜大于顶部埋件的密度；h_8—反坎高度，具体尺寸由建筑防水要求确定；L_1—墙板厚度，l_{aE}—钢筋锚固长度，应符合相关规范要求；t_1—内叶板厚度；t_2—保温层厚度；t_3—外叶墙板厚度。

单面叠合墙（反打保温）模板图

图集号	2024沪G105

| 审核 | 花炳灿 | | 校对 | 雷杰 | | 设计 | 徐烟生 | | 页码 | 39 |

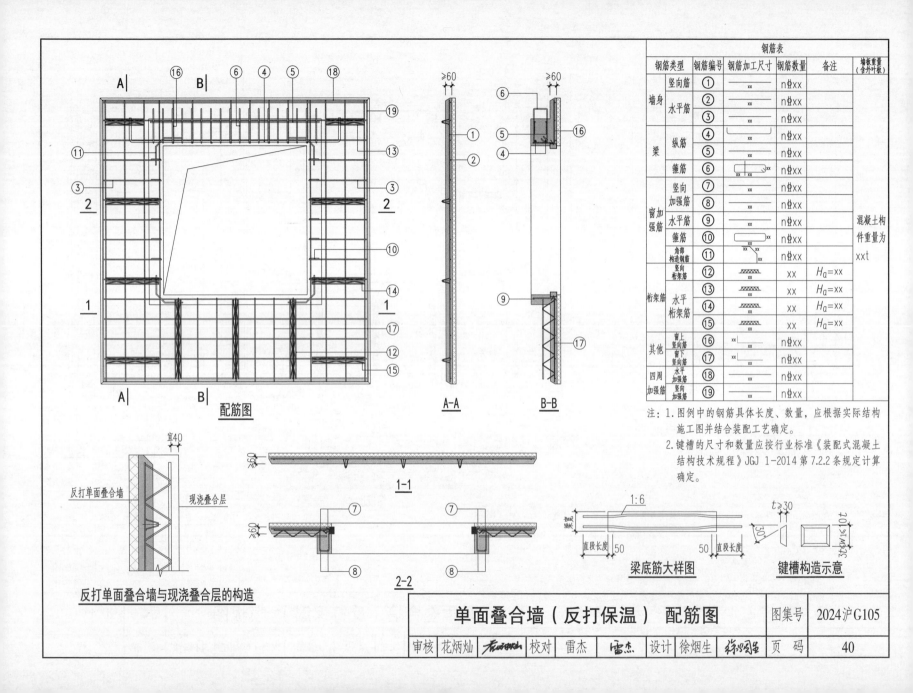

		钢筋表			
钢筋类型	钢筋编号	钢筋加工尺寸	钢筋数量	备注	墙板重量(含外叶板)
墙身	① 竖向筋	xx	nΦxx		
	② 水平筋	xx	nΦxx		
	③	xx	nΦxx		
梁	④ 纵筋	xx	nΦxx		
	⑤	xx	nΦxx		
	⑥ 箍筋	xx xx xx	nΦxx		
窗加强筋	⑦ 竖向加强筋		nΦxx		混凝土构件重量为 xxt
	⑧	xx	nΦxx		
	⑨ 水平筋	xx	nΦxx		
	⑩ 箍筋	xx xx	nΦxx		
	⑪ 角部构造钢筋	xx xx	nΦxx		
桁架筋	⑫ 竖向桁架筋	xx	xx	H_a=xx	
	⑬	xx	xx	H_a=xx	
	⑭ 水平桁架筋	xx	xx	H_a=xx	
	⑮	xx	xx	H_a=xx	
其他	⑯ 窗上竖向筋	xx	nΦxx		
	⑰ 窗下竖向筋	xx	nΦxx		
四周加强筋	⑱ 水平加强筋	xx	nΦxx		
	⑲ 竖向加强筋	xx	nΦxx		

注：1. 图例中的钢筋具体长度、数量，应根据实际结构
       施工图并结合装配工艺确定。
    2. 键槽的尺寸和数量应按行业标准《装配式混凝土
       结构技术规程》JGJ 1-2014第7.2.2条规定计算
       确定。

配筋图

A-A

B-B

反打单面叠合墙与现浇叠合层的构造

1-1

2-2

梁底筋大样图

键槽构造示意

单面叠合墙（反打保温）配筋图

						图集号	2024沪G105
审核	花炳灿	校对	雷杰	设计	徐烟生	页码	40

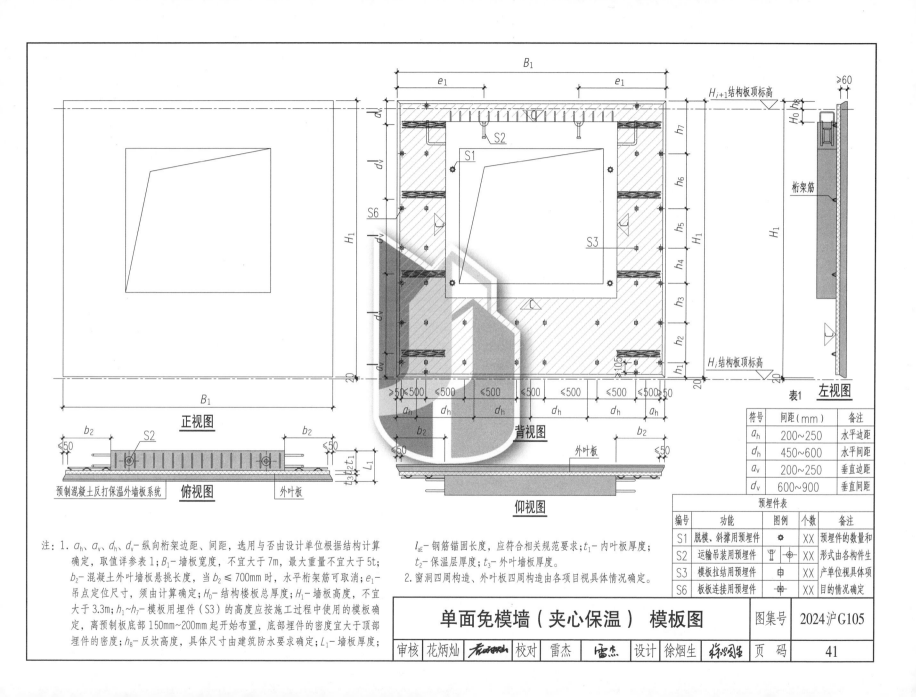

正视图

俯视图
预制混凝土反打保温外墙板系统

背视图

仰视图

左视图

外叶板

桁架筋

表1

符号	间距（mm）	备注
a_h	200~250	水平边距
d_h	450~600	水平间距
a_v	200~250	垂直边距
d_v	600~900	垂直间距

预埋件表

编号	功能	图例	个数	备注
S1	脱模、斜撑用预埋件	✿	XX	预埋件的数量和
S2	运输吊装用预埋件	⊤⦶⊕	XX	形式由各构件生
S3	模板拉结用预埋件	⊕	XX	产单位视实际项
S6	板板连接用预埋件	⊞	XX	目的情况确定

注：1. a_h、a_v、d_h、d_v－纵向桁架边距、间距，选用与否由设计单位根据结构计算确定，取值详参表1；B_1－墙板宽度，不宜大于7m，最大重量不宜大于5t；b_2－混凝土外叶墙板悬挑长度，当 $b_2 \leq 700mm$ 时，水平桁架筋可取消；e_1－吊点定位尺寸，须由计算确定；H_0－结构楼板总厚度；H_1－墙板高度，不宜大于3.3m；h_1~h_7－模板用埋件（S3）的高度应按施工过程中使用的模板确定，离预制板底部150mm~200mm起开始布置，底部埋件的密度宜大于顶部埋件的密度；h_8－反坎高度，具体尺寸由建筑防水要求确定；L_1－墙板厚度；

l_{aE}－钢筋锚固长度，应符合相关规范要求；t_1－内叶板厚度；t_2－保温层厚度；t_3－外叶墙板厚度。

2. 窗洞四周构造、外叶板四周构造由各项目视具体情况确定。

	单面免模墙（夹心保温） 模板图	图集号	2024沪G105
审核 花炳灿	校对 雷杰 设计 徐烟生	页码	41

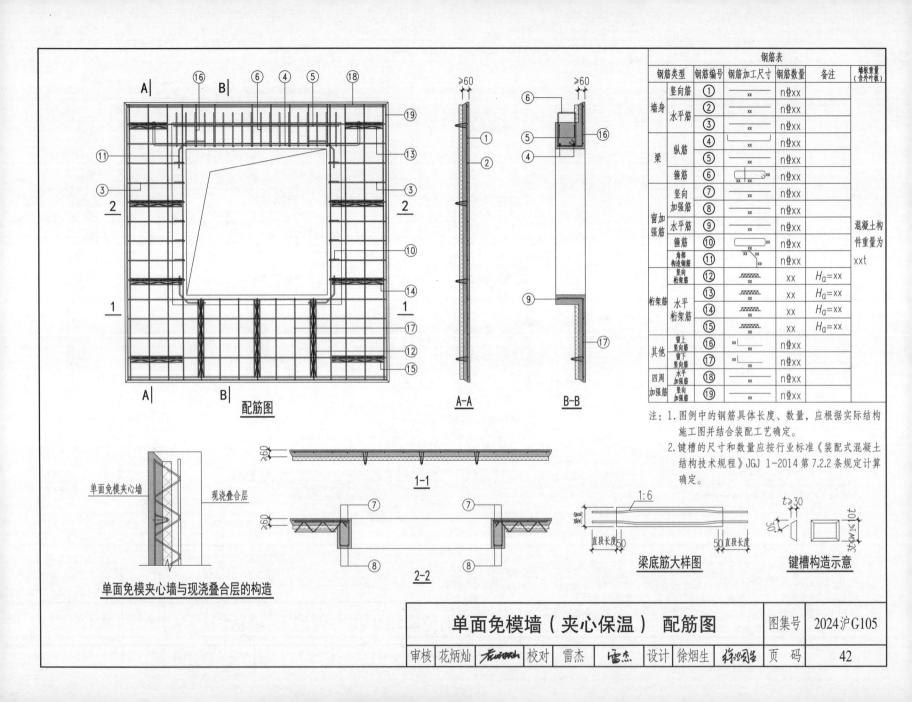

钢筋表

钢筋类型		钢筋编号	钢筋加工尺寸	钢筋数量	备注	墙板重量（含外叶板）
墙身	竖向筋	①	xx	nΦxx		
	水平筋	②	xx	nΦxx		
		③	xx	nΦxx		
梁	纵筋	④	xx	nΦxx		
		⑤	xx	nΦxx		
	箍筋	⑥	xx xx xx	nΦxx		
窗加强筋	竖向加强筋	⑦	xx	nΦxx		混凝土构件重量为 xxt
		⑧	xx	nΦxx		
	水平筋	⑨	xx	nΦxx		
	箍筋	⑩	xx	nΦxx		
	角部构造钢筋	⑪	xx xx	nΦxx		
桁架筋	竖向桁架筋	⑫		xx	H_a=xx	
	水平桁架筋	⑬		xx	H_a=xx	
		⑭		xx	H_a=xx	
		⑮		xx	H_a=xx	
其他	窗上竖向筋	⑯	xx xx	nΦxx		
	窗下竖向筋	⑰	xx xx	nΦxx		
四周加强筋	水平加强筋	⑱	xx	nΦxx		
	竖向加强筋	⑲	xx	nΦxx		

注：1.图例中的钢筋具体长度、数量，应根据实际结构
   施工图并结合装配工艺确定。
2.键槽的尺寸和数量应按行业标准《装配式混凝土
   结构技术规程》JGJ 1-2014 第7.2.2条规定计算
   确定。

配筋图

A-A

B-B

单面免模夹心墙
现浇叠合层
单面免模夹心墙与现浇叠合层的构造

1-1

2-2

梁底筋大样图

键槽构造示意

单面免模墙（夹心保温）配筋图	图集号	2024沪G105

审核 花炳灿　校对 雷杰　设计 徐烟生　页 码 42

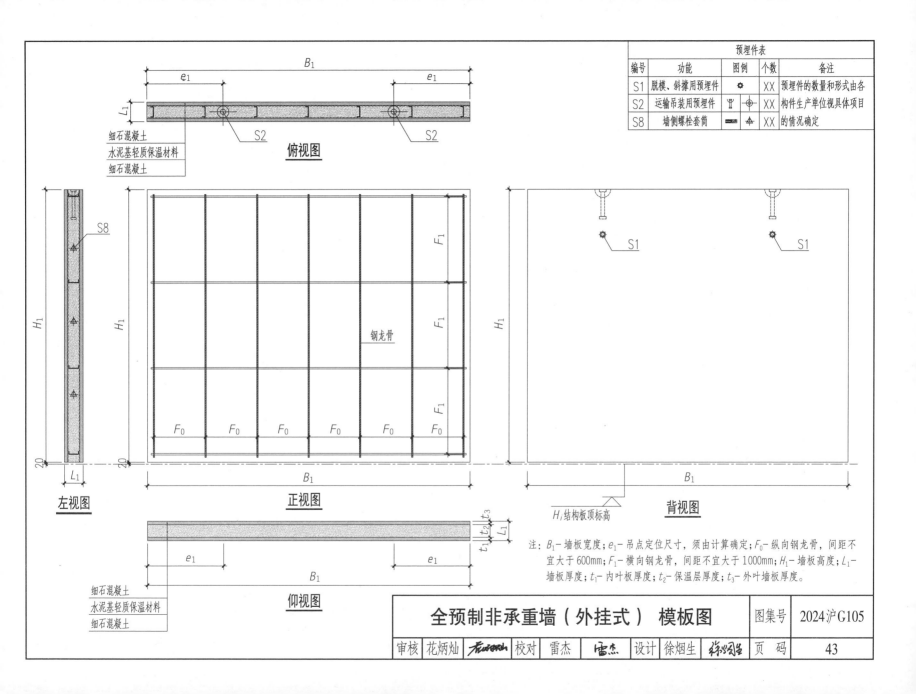

预埋件表

编号	功能	图例	个数	备注
S1	脱模、斜撑用预埋件	✿	XX	预埋件的数量和形式由各
S2	运输吊装用预埋件	⊥ ⊕	XX	构件生产单位视具体项目
S8	墙侧螺栓套筒	▬ ⊕	XX	的情况确定

B_1

e_1 e_1

L_1

细石混凝土
水泥基轻质保温材料
细石混凝土

俯视图

S2 S2

S8

钢龙骨

H_1 H_1 H_1

F_1 F_1 F_1

F_0 F_0 F_0 F_0 F_0 F_0

S1 S1

20 20

L_1 B_1 B_1

左视图 正视图 背视图

H_1结构板顶标高

t_3
t_2
t_1 L_1

e_1 e_1

B_1

细石混凝土
水泥基轻质保温材料
细石混凝土

仰视图

注：B_1－墙板宽度；e_1－吊点定位尺寸，须由计算确定；F_0－纵向钢龙骨，间距不
宜大于600mm；F_1－横向钢龙骨，间距不宜大于1000mm；H_1－墙板高度；L_1－
墙板厚度；t_1－内叶板厚度；t_2－保温层厚度；t_3－外叶墙板厚度。

全预制非承重墙（外挂式）模板图

图集号	2024沪G105

| 审核 | 花炳灿 | | 校对 | 雷杰 | | 设计 | 徐烟生 | | 页码 | 43 |

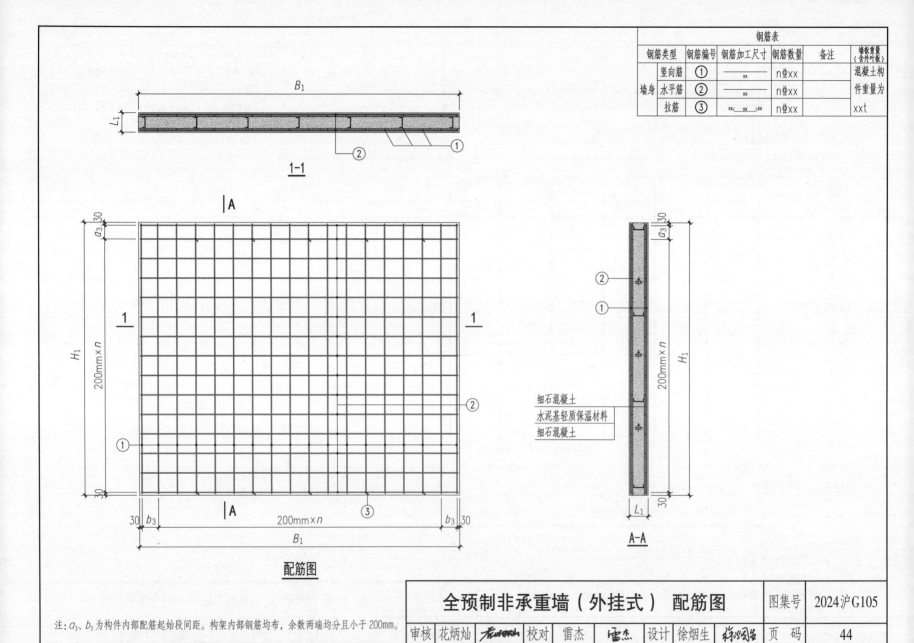

钢筋表

钢筋类型		钢筋编号	钢筋加工尺寸	钢筋数量	备注	墙板重量 （含外叶板）
墙身	竖向筋	①	———— xx	nΦxx	混凝土构	
	水平筋	②	———— xx	nΦxx	件重量为	
	拉筋	③	xx ⌐—xx—⌐ xx	nΦxx		xxt

B_1

L_1

②

①

1-1

A

1   1

H_1

200mm×n

①

②

①

30

a_3 30

③

30 b_3 200mm×n b_3 30

A

B_1

配筋图

②

①

细石混凝土
水泥基轻质保温材料
细石混凝土

a_3 30

200mm×n

H_1

L_1 30

A-A

全预制非承重墙（外挂式） 配筋图

注：a_3、b_3为构件内部配筋起始段间距。构架内部钢筋均布，余数两端均分且小于200mm。

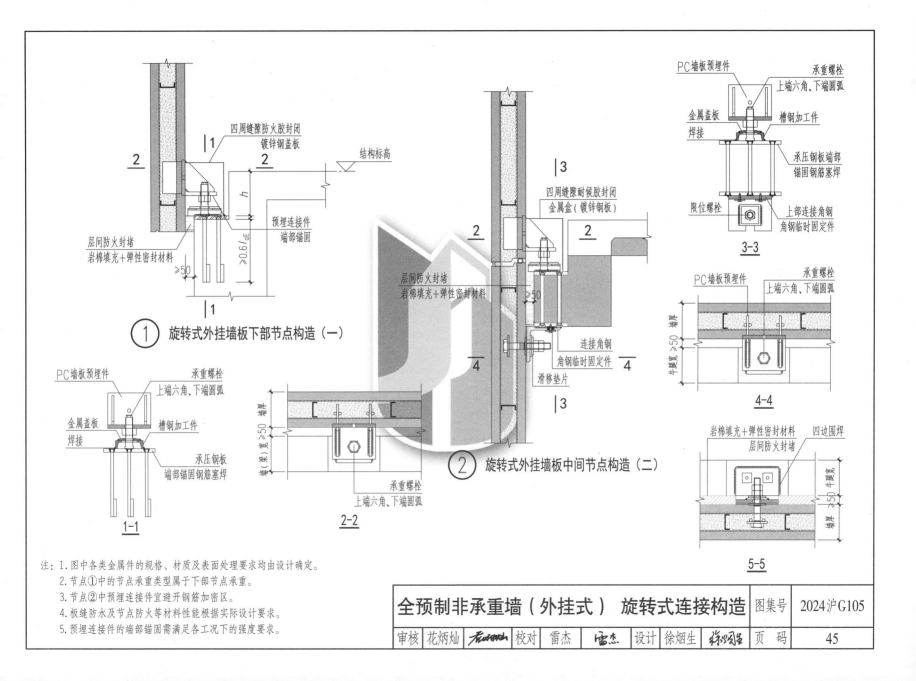

四周缝隙防火胶封闭镀锌钢盖板

结构标高

层间防火封堵
岩棉填充+弹性密封材料

预埋连接件端部锚固

① 旋转式外挂墙板下部节点构造（一）

PC墙板预埋件
承重螺栓
上端六角、下端圆弧

金属盖板
焊接

槽钢加工件

承压钢板
端部锚固钢筋塞焊

1-1

四周缝隙耐候胶封闭
金属盒（镀锌钢板）

层间防火封堵
岩棉填充+弹性密封材料

连接角钢
角钢临时固定件

滑移垫片

② 旋转式外挂墙板中间节点构造（二）

承重螺栓
上端六角、下端圆弧

2-2

PC墙板预埋件
承重螺栓
上端六角、下端圆弧

金属盖板
焊接

槽钢加工件

承压钢板端部
锚固钢筋塞焊

限位螺栓

上部连接角钢
角钢临时固定件

3-3

PC墙板预埋件
承重螺栓
上端六角、下端圆弧

4-4

岩棉填充+弹性密封材料
四边围焊
层间防火封堵

5-5

注：1.图中各类金属件的规格、材质及表面处理要求均由设计确定。
2.节点①中的节点承重类型属于下部节点承重。
3.节点②中预埋连接件宜避开钢筋加密区。
4.板缝防水及节点防火等材料性能根据实际设计要求。
5.预埋连接件的端部锚固需满足各工况下的强度要求。

全预制非承重墙（外挂式） 旋转式连接构造	图集号	2024沪G105
审核 花炳灿 校对 雷杰 设计 徐烟生	页码	45

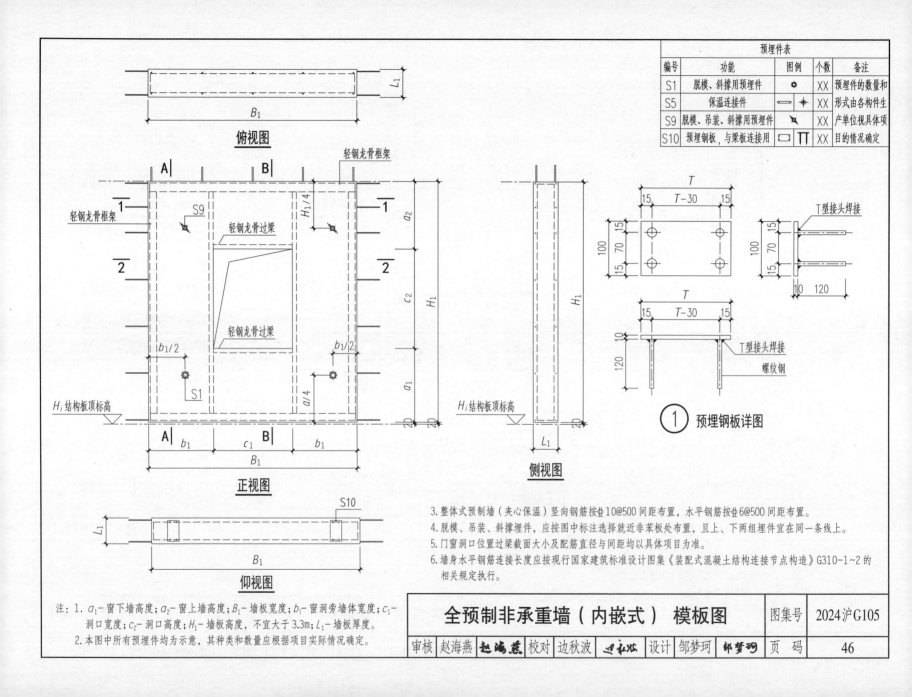

预埋件表

编号	功能	图例	个数	备注
S1	脱模、斜撑用预埋件	✿	XX	预埋件的数量和
S5	保温连接件	▭—◆	XX	形式由各构件生
S9	脱模、吊装、斜撑用预埋件	↘	XX	产单位视具体项
S10	预埋钢板，与梁板连接用	▭ TT	XX	目的情况确定

俯视图

正视图

仰视图

侧视图

① 预埋钢板详图

3. 整体式预制墙（夹心保温）竖向钢筋按Φ10@500间距布置，水平钢筋按Φ6@500间距布置。

4. 脱模、吊装、斜撑埋件，应按图中标注选择就近非苯板处布置，且上、下两组埋件宜在同一条线上。

5. 门窗洞口位置过梁截面大小及配筋直径与间距均以具体项目为准。

6. 墙身水平钢筋连接长度应按现行国家建筑标准设计图集《装配式混凝土结构连接节点构造》G310-1~2 的相关规定执行。

注：1. a_1-窗下墙高度；a_2-窗上墙高度；B_1-墙板宽度；b_1-窗洞旁墙体宽度；c_1-洞口宽度；c_2-洞口高度；H_1-墙板高度，不宜大于3.3m；L_1-墙板厚度。

2. 本图中所有预埋件均为示意，其种类和数量应根据项目实际情况确定。

全预制非承重墙（内嵌式）模板图

图集号	2024沪G105

| 审核 | 赵海燕 | 赵海燕 | 校对 | 边秋波 | 边秋波 | 设计 | 邹梦珂 | 邹梦珂 | 页 码 | 46 |

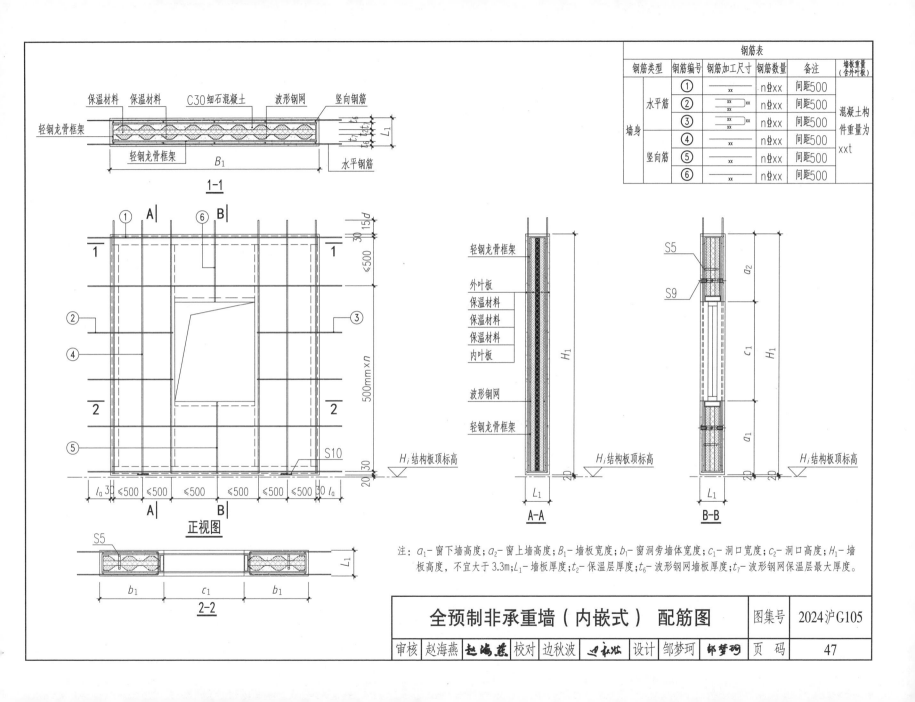

钢筋表

钢筋类型		钢筋编号	钢筋加工尺寸	钢筋数量	备注	墙板重量（含外叶板）
墙身	水平筋	①	xx	n⌀xx	间距500	混凝土构件重量为xxt
		②	xx xx	n⌀xx	间距500	
		③	xx xx	n⌀xx	间距500	
	竖向筋	④		n⌀xx	间距500	
		⑤	xx	n⌀xx	间距500	
		⑥	xx	n⌀xx	间距500	

保温材料　保温材料　C30细石混凝土　波形钢网　竖向钢筋

轻钢龙骨框架

轻钢龙骨框架

B_1

t_7 t_2 t_7

t_6 t_6

L_1

水平钢筋

1-1

30 15d

≤500

500mm×n

l_a 30 ≤500 ≤500 ≤500 ≤500 ≤500 ≤500 30 l_a

S10

20 30

H_i结构板顶标高

正视图

S5

b_1 c_1 b_1

L_1

2-2

轻钢龙骨框架
外叶板
保温材料
保温材料
保温材料
内叶板
波形钢网
轻钢龙骨框架

H_1

L_1

20

H_i结构板顶标高

A-A

S5
S9

a_2

c_1

H_1

a_1

L_1

20

H_i结构板顶标高

B-B

注：a_1-窗下墙高度；a_2-窗上墙高度；B_1-墙板宽度；b_1-窗洞旁墙体宽度；c_1-洞口宽度；c_2-洞口高度；H_1-墙板高度，不宜大于3.3m；L_1-墙板厚度；t_2-保温层厚度；t_6-波形钢网墙板厚度；t_7-波形钢网保温层最大厚度。

全预制非承重墙（内嵌式）配筋图

图集号	2024沪G105

| 审核 | 赵海燕 | 赵海燕 | 校对 | 边秋波 | | 设计 | 邹梦珂 | 邹梦珂 | 页码 | 47 |

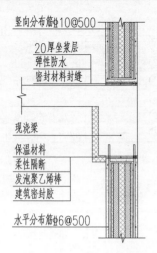

竖向分布筋⏀10@500

20厚坐浆层
弹性防水
密封材料封缝

现浇梁

保温材料
柔性隔断
发泡聚乙烯棒
建筑密封胶

水平分布筋⏀6@500

① 全预制非承重墙（内嵌式）
与现浇梁连接
（非预埋钢板处节点做法）

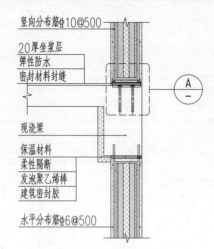

竖向分布筋⏀10@500

20厚坐浆层
弹性防水
密封材料封缝

现浇梁

保温材料
柔性隔断
发泡聚乙烯棒
建筑密封胶

水平分布筋⏀6@500

Ⓐ

② 全预制非承重墙（内嵌式）
与现浇梁连接
（预埋钢板处节点做法）

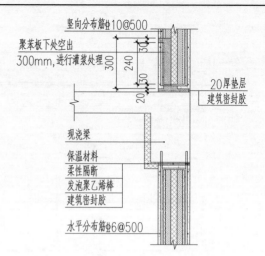

竖向分布筋⏀10@500

聚苯板下处空出
300mm,进行灌浆处理

300 240 30
20 30

20厚垫层
建筑密封胶

现浇梁

保温材料
柔性隔断
发泡聚乙烯棒
建筑密封胶

水平分布筋⏀6@500

③ 预制墙体与现浇梁连接
（底部灌浆做法）

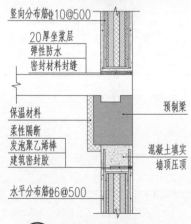

竖向分布筋⏀10@500

20厚坐浆层
弹性防水
密封材料封缝

保温材料
柔性隔断
发泡聚乙烯棒
建筑密封胶

预制梁

混凝土填实
墙顶压顶

水平分布筋⏀6@500

④ 全预制非承重墙（内嵌式）
与预制梁连接

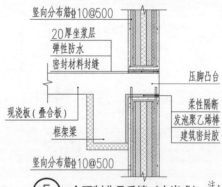

竖向分布筋⏀10@500

20厚坐浆层
弹性防水
密封材料封缝

压脚凸台

柔性隔断
发泡聚乙烯棒
建筑密封胶

现浇板（叠合板）

框架梁

竖向分布筋⏀10@500

⑤ 全预制非承重墙（内嵌式）
与框架梁侧边连接

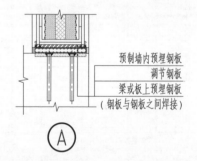

预制墙内预埋钢板
调节钢板
梁或板上预埋钢板
（钢板与钢板之间焊接）

Ⓐ

注：外墙板底部与主体结构（梁）连接固定应符合节点图中规定，并应符合下列要求：
1）应采用调整钢板固定和坐浆固定连接，坐浆厚度不应小于20mm。
2）调整钢板固定点应由墙板预埋钢板、混凝土梁预埋钢板和调整钢板组成。

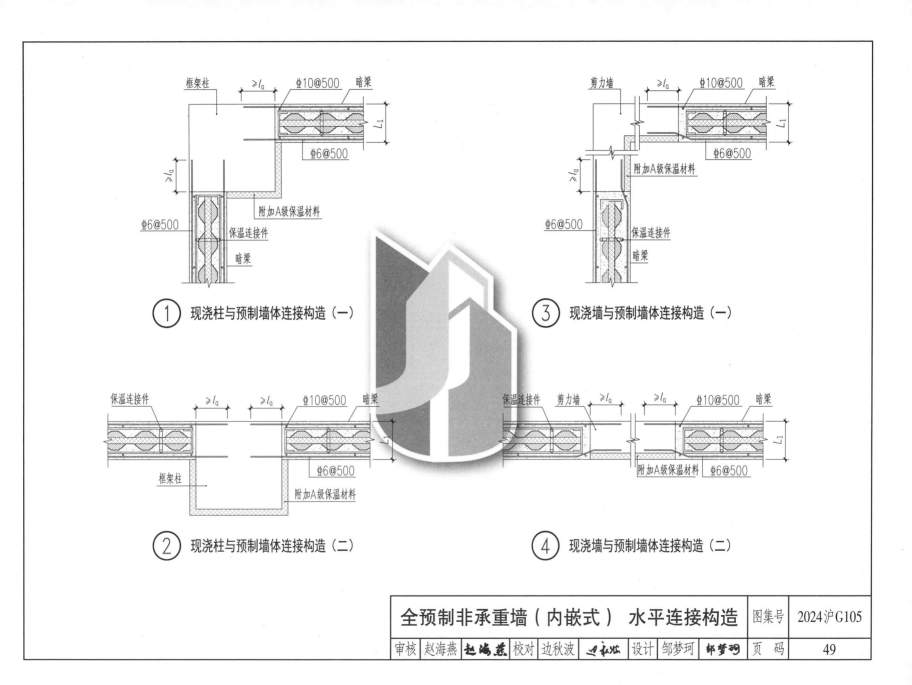

① 现浇柱与预制墙体连接构造（一）

② 现浇柱与预制墙体连接构造（二）

③ 现浇墙与预制墙体连接构造（一）

④ 现浇墙与预制墙体连接构造（二）

全预制非承重墙（内嵌式） 水平连接构造	图集号	2024沪G105

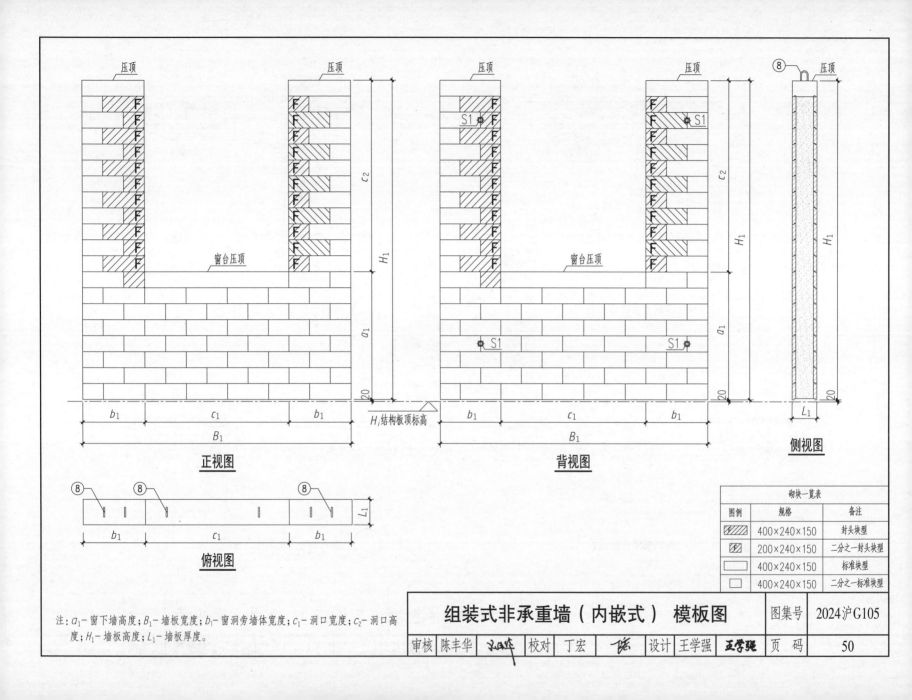

正视图

背视图

侧视图

俯视图

砌块一览表

图例	规格	备注
▨	400×240×150	封头块型
▨	200×240×150	二分之一封头块型
▭	400×240×150	标准块型
▭	400×240×150	二分之一标准块型

注：a_1－窗下墙高度；B_1－墙板宽度；b_1－窗洞旁墙体宽度；c_1－洞口宽度；c_2－洞口高度；H_1－墙板高度；L_1－墙板厚度。

组装式非承重墙（内嵌式）模板图

图集号　2024沪G105

审核	陈丰华		校对	丁宏		设计	王学强		页　码

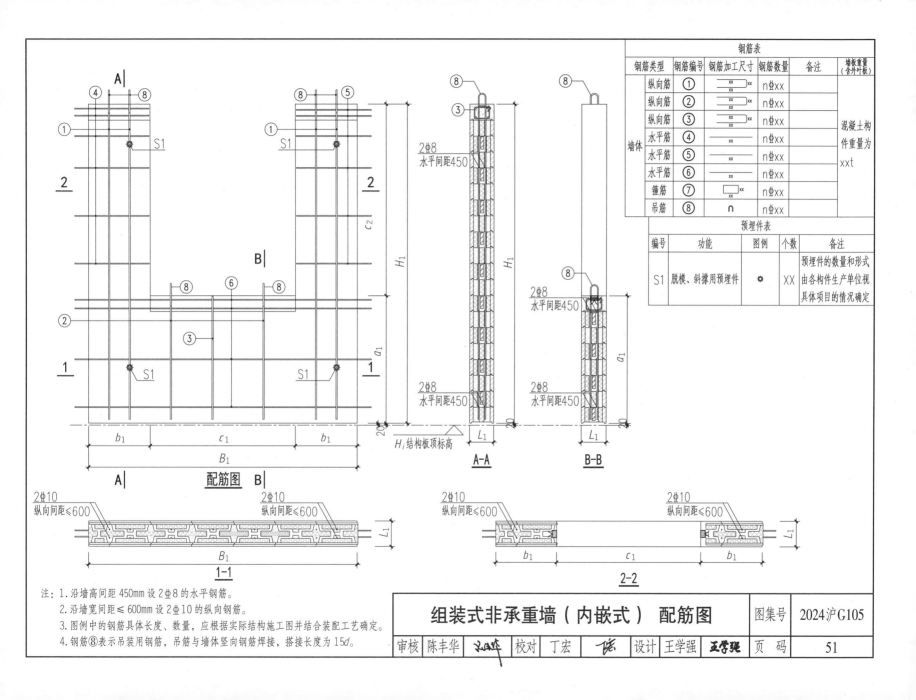

钢筋表

钢筋类型		钢筋编号	钢筋加工尺寸	钢筋数量	备注	墙板重量(含外叶板)
墙体	纵向筋	①		n⯝xx		混凝土构件重量为 xxt
	纵向筋	②		n⯝xx		
	纵向筋	③		n⯝xx		
	水平筋	④	xx	n⯝xx		
	水平筋	⑤	xx	n⯝xx		
	水平筋	⑥	xx	n⯝xx		
	箍筋	⑦	xx	n⯝xx		
	吊筋	⑧		n⯝xx		

预埋件表

编号	功能	图例	个数	备注
S1	脱模、斜撑用预埋件		XX	预埋件的数量和形式由各构件生产单位视具体项目的情况确定

配筋图

A-A B-B

1-1 2-2

注：1. 沿墙高间距450mm设2⯝8的水平钢筋。
2. 沿墙宽间距≤600mm设2⯝10的纵向钢筋。
3. 图例中的钢筋具体长度、数量，应根据实际结构施工图并结合装配工艺确定。
4. 钢筋⑧表示吊装用钢筋，吊筋与墙体竖向钢筋焊接，搭接长度为15d。

组装式非承重墙（内嵌式）配筋图

图集号	2024沪G105
审核 陈丰华	校对 丁宏	设计 王学强	页码 51

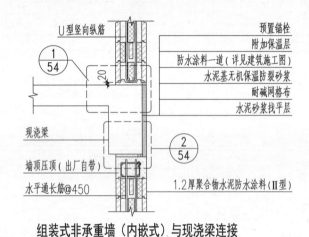

U型竖向纵筋
预置锚栓
附加保温层
防水涂料一道（详见建筑施工图）
水泥基无机保温防裂砂浆
耐碱网格布
水泥砂浆找平层
现浇梁
墙顶压顶（出厂自带）
水平通长筋@450
1.2厚聚合物水泥防水涂料（Ⅱ型）

组装式非承重墙（内嵌式）与现浇梁连接

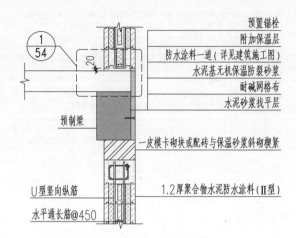

预置锚栓
附加保温层
防水涂料一道（详见建筑施工图）
水泥基无机保温防裂砂浆
耐碱网格布
水泥砂浆找平层
预制梁
一皮模卡砌块或配砖与保温砂浆斜砌楔紧
U型竖向纵筋
1.2厚聚合物水泥防水涂料（Ⅱ型）
水平通长筋@450

组装式非承重墙（内嵌式）与预制梁连接

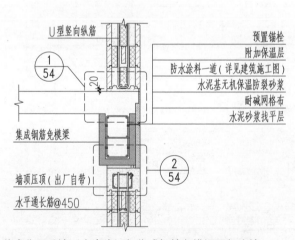

U型竖向纵筋
预置锚栓
附加保温层
防水涂料一道（详见建筑施工图）
水泥基无机保温防裂砂浆
耐碱网格布
水泥砂浆找平层
集成钢筋免模梁
墙顶压顶（出厂自带）
水平通长筋@450

组装式非承重墙（内嵌式）与集成钢筋免模梁顶部连接

注：1.未详尽处连接构造详见现行上海市建筑标准设计《混凝土模卡砌块建筑和结
　　 构构造》DBJT 08-113。
　 2.梁柱处保温具体做法详见单体设计说明，保温材料放置位置根据实际施工图
　　 具体情况进行调整。
　 3.组装式非承重墙（内嵌式）顶压为工厂预制。根据抗震设防要求，预制墙顶
　　 与梁底均为脱开设计；当有墙顶与梁连接要求时，可待吊装完毕后设连接件
　　 将梁墙于现场约束固定。

组装式非承重墙（内嵌式）　竖向连接构造	图集号	2024沪G105
审核　陈丰华　　校对　丁宏　　设计　王学强	页　码	52

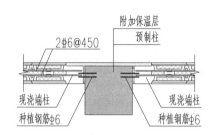

组装式非承重墙（内嵌式）与预制柱连接（一）
附加保温板厚度详见建筑设计说明

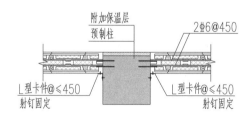

组装式非承重墙（内嵌式）与预制柱连接（二）
附加保温板厚度详见建筑设计说明

竖向接缝构造节点
保温模卡砌块块型

组装式非承重墙（内嵌式）与框架柱（墙）接缝构造
普通模卡砌块块型

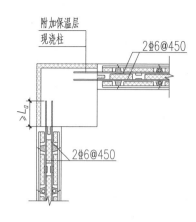

组装式非承重墙（内嵌式）与现浇柱连接（一）
附加保温板厚度详见建筑设计说明

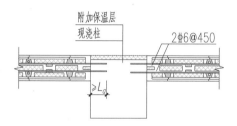

组装式非承重墙（内嵌式）与现浇柱连接（二）
附加保温板厚度详见建筑设计说明

组装式非承重墙（内嵌式） 水平连接构造（一）				图集号		2024沪G105			
审核	陈丰华		校对	丁宏		设计	王学强	页 码	53

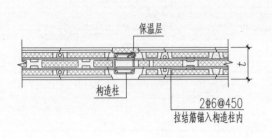

保温层

构造柱

2Φ6@450
拉结筋锚入构造柱内

组装式预制模卡墙与构造柱连接构造（一）

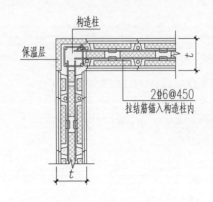

构造柱

保温层

2Φ6@450
拉结筋锚入构造柱内

组装式预制模卡墙与构造柱连接构造（二）
保温模卡砌块块型

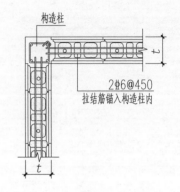

构造柱

2Φ6@450
拉结筋锚入构造柱内

组装式预制模卡墙与构造柱连接构造（三）
普通模卡砌块块型

20厚M25预拌砂浆坐浆层
弹性防水
建筑密封胶

≥200
≥200

① **墙底座浆嵌缝构造**

现浇梁

20厚柔性隔断
弹性防水
建筑密封胶

U型竖向纵筋

≥200
≥200
预制墙体压顶

② **水平接缝构造节点**
预制墙体压顶由深化模数设计确定
一般在80mm～150mm之间

注：1.构造柱的截面及配筋详见结构设计说明。
　　2.未详尽处按现行国家设计标准执行。

组装式非承重墙（内嵌式）水平连接构造（二）

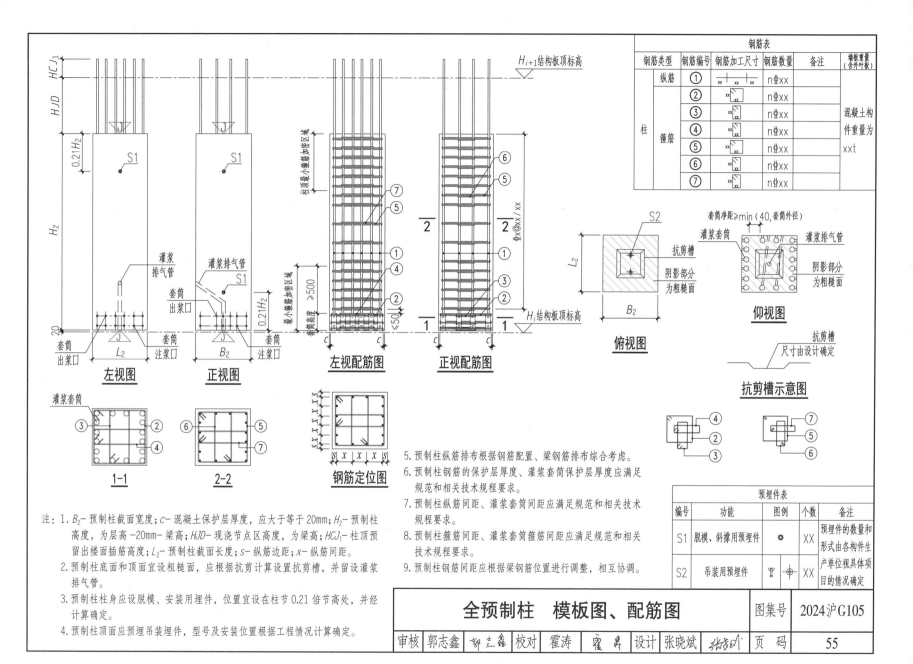

钢筋表

钢筋类型		钢筋编号	钢筋加工尺寸	钢筋数量	备注
柱	纵筋	①	xx + xx + xx	n⏀xx	混凝土构件重量为 xxt
	箍筋	②	xx	n⏀xx	
		③	xx	n⏀xx	
		④	xx	n⏀xx	
		⑤	xx	n⏀xx	
		⑥	xx	n⏀xx	
		⑦	xx	n⏀xx	

左视图 　正视图 　左视配筋图 　正视配筋图

1-1 　2-2 　钢筋定位图

俯视图 　仰视图 　抗剪槽示意图

5. 预制柱纵筋排布根据钢筋配置、梁钢筋排布综合考虑。

6. 预制柱钢筋的保护层厚度、灌浆套筒保护层厚度应满足规范和相关技术规程要求。

7. 预制柱纵筋间距、灌浆套筒间距应满足规范和相关技术规程要求。

8. 预制柱箍筋间距、灌浆套筒箍筋间距应满足规范和相关技术规程要求。

9. 预制柱钢筋间距应根据梁钢筋位置进行调整,相互协调。

预埋件表

编号	功能	图例	个数	备注
S1	脱模、斜撑用预埋件		XX	预埋件的数量和形式由各构件生产单位视具体项目的情况确定
S2	吊装用预埋件		XX	

注:1. B_2-预制柱截面宽度;c-混凝土保护层厚度,应大于等于20mm;H_2-预制柱高度,为层高-20mm-梁高;HJD-现浇节点区高度,为梁高;HCJ_1-柱顶留出楼面插筋高度;L_2-预制柱截面长度;s-纵筋边距;x-纵筋间距。

2. 预制柱底面和顶面宜设置粗糙面,应根据抗剪计算设置抗剪槽,并留设灌浆排气管。

3. 预制柱柱身应设脱模、安装用埋件,位置宜设在柱节0.21倍节高处,并经计算确定。

4. 预制柱顶面应预埋吊装埋件,型号及安装位置根据工程情况计算确定。

全预制柱　模板图、配筋图

图集号 2024沪G105

| 审核 | 郭志鑫 | 校对 | 霍涛 | 设计 | 张晓斌 | 页码 | 55 |

钢筋表					
钢筋类型	钢筋编号	钢筋加工尺寸	钢筋数量	备注	墙板重量
柱	纵筋 ①	xx ├──┤ xx	n⊈xx		混凝土构件
	箍筋 ②	xx	n⊈xx		重量为xxt

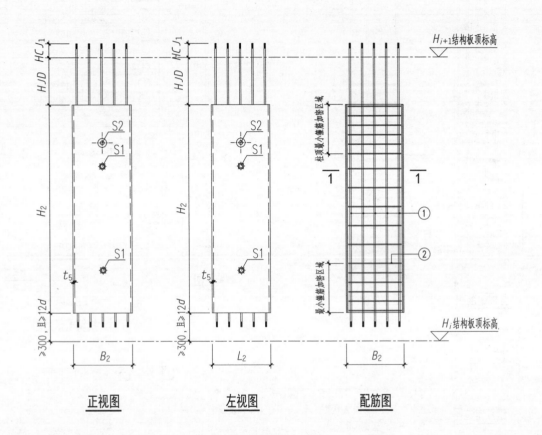

正视图　　　　左视图　　　　配筋图

俯视图　　钢制模壳拉结件

仰视图　　钢制模壳拉结件

1-1　　钢制模壳拉结件

预埋件表				
编号	功能	图例	个数	备注
S1	脱模、斜撑用预埋件	✦	XX	预埋件的数量和形式由各构件生
S2	运输吊装用预埋件	⊕	XX	产单位视具体项目的情况确定

注：1. B_2－预制柱截面宽度；H_2－预制柱高度；HCJ_1－柱顶预留出楼面插筋高度；
　　　HJD－现浇节点区高度，为梁高；L_2－预制柱截面长度；t_5－模壳厚度，宜为
　　　20mm～30mm。
　　2. 集成钢筋免模柱柱身应设脱模、吊装用埋件，位置宜设在柱节 0.2 倍节高
　　　处，并经计算确定。
　　3. 竖向钢筋宜采用机械连接，连接接头为一级。

集成钢筋免模柱　模板图、配筋图

图集号	2024沪G105

审核	李伟兴	李伟兴	校对	符宇欣	符宇欣	设计	赵聪	赵聪	页码	56

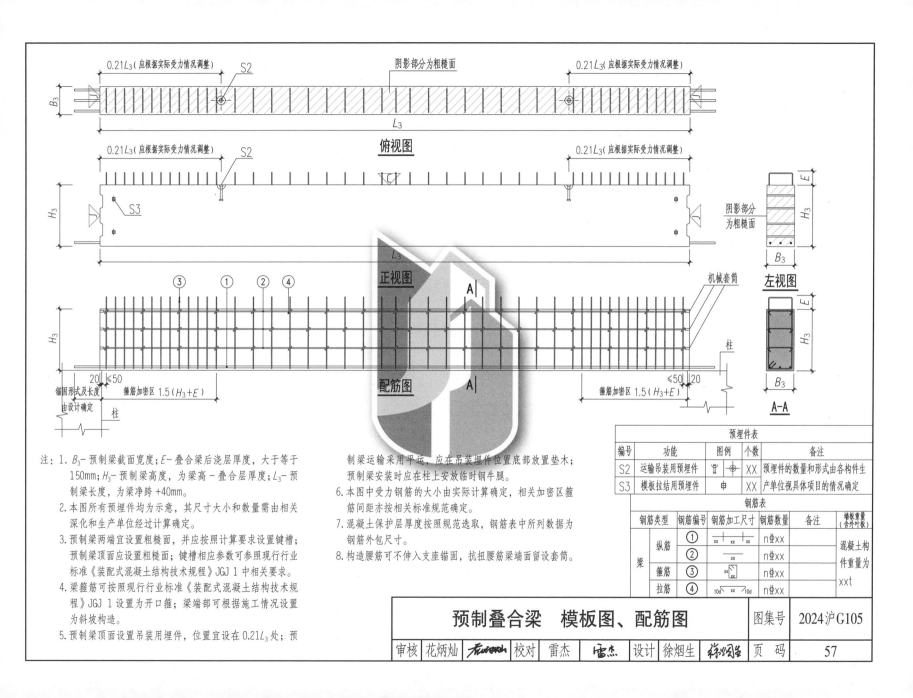

俯视图

正视图

配筋图

左视图

A—A

机械套筒

柱

注：1. B_3 - 预制梁截面宽度；E - 叠合梁后浇层厚度，大于等于
150mm；H_3 - 预制梁高度，为梁高 - 叠合层厚度；L_3 - 预
制梁长度，为梁净跨 +40mm。

2. 本图所有预埋件均为示意，其尺寸大小和数量需由相关
深化和生产单位经过计算确定。

3. 预制梁两端宜设置粗糙面，并应按照计算要求设置键槽；
预制梁顶面应设置粗糙面；键槽相应参数可参照现行行业
标准《装配式混凝土结构技术规程》JGJ 1中相关要求。

4. 梁箍筋可按照现行行业标准《装配式混凝土结构技术规
程》JGJ 1设置为开口箍；梁端部可根据施工情况设置
为斜坡构造。

5. 预制梁顶面设置吊装用埋件，位置宜设在 $0.21L_3$ 处；预

制梁运输采用平运，应在吊装埋件位置底部放置垫木；
预制梁安装时应在柱上安放临时钢牛腿。

6. 本图中受力钢筋的大小由实际计算确定，相关加密区箍
筋间距亦按相关标准规范确定。

7. 混凝土保护层厚度按照规范选取，钢筋表中所列数据为
钢筋外包尺寸。

8. 构造腰筋可不伸入支座锚固，抗扭腰筋梁端面留设套筒。

预埋件表

编号	功能	图例	个数	备注
S2	运输吊装用预埋件		XX	预埋件的数量和形式由各构件生
S3	模板拉结用预埋件		XX	产单位视具体项目的情况确定

钢筋表

钢筋类型	钢筋编号	钢筋加工尺寸	钢筋数量	备注	墙板重量（含外叶板）
梁	纵筋 ①		nΦxx		混凝土构件重量为 xxt
	纵筋 ②		nΦxx		
	箍筋 ③		nΦxx		
	拉筋 ④		nΦxx		

预制叠合梁　模板图、配筋图

							图集号	2024沪G105
审核	花炳灿		校对	雷杰		设计	徐烟生	
							页码	57

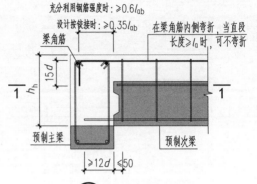

充分利用钢筋强度时：≥0.6l_{ab}

设计按铰接时：≥0.35l_{ab}

梁角筋

在梁角筋内侧弯折，当直段长度≥l_a时，可不弯折

15d

h_h

预制主梁

预制次梁

≥12d　≤50

① 主梁预留后浇槽口
（梁上部纵筋采用90°弯钩锚固）

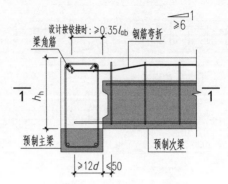

设计按铰接时：≥0.35l_{ab}

钢筋弯折

梁角筋

h_h

预制主梁

预制次梁

≥12d　≤50

② 主梁预留后浇槽口
（梁上部纵筋弯折且采用锚固板锚固）

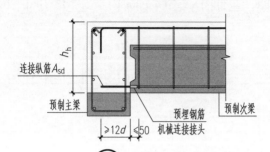

连接纵筋A_{sd}

h_h

预制主梁

预埋钢筋

机械连接接头

预制次梁

④ 主梁预留后浇槽口
（梁下部纵筋采用机械连接节点）

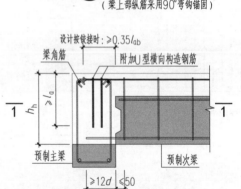

设计按铰接时：≥0.35l_{ab}

梁角筋

附加U型横向构造钢筋

h_h

≥l_a

预制主梁

预制次梁

≥12d　≤50

③ 主梁预留后浇槽口
（采用锚固板锚固，附加横向构造钢筋）

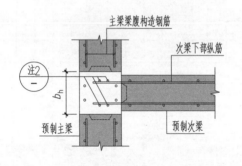

主梁梁腹构造钢筋

次梁下部纵筋

注2

b_h

预制主梁

预制次梁

1-1

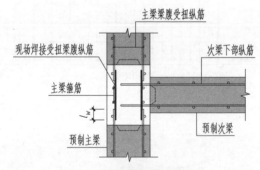

主梁梁腹受扭纵筋

现场焊接受扭梁腹纵筋

次梁下部纵筋

主梁箍筋

l_w

预制主梁

预制次梁

腰筋焊接连接节点

注：1. 主梁预留槽口的高度h_h和宽度b_h由设计确定。预制主梁吊装时，需采取加强措施。

2. 节点③中附加U型横向构造钢筋，直径不小于$d/4$，间距不大于5d且不大于100mm（d为次梁上部纵筋直径）。

3. 次梁底伸入主梁支座的纵向钢筋可采用预埋机械连接接头的方式，现场后期安装连接纵筋，其设置位置应考虑施工操作空间的要求。

4. 当主梁梁腹配置受扭纵筋时，受扭纵筋应在主梁预留槽口处贯通，可采用腰筋焊接连接节点的方式。

5. 机械接头及连接钢筋A_{sd}由设计确定。

6. 主梁槽口小于150mm时，下部槽口宜现浇。

7. l_w为焊接搭接长度，应符合现行行业标准《钢筋焊接及验收规程》JGJ 18的有关规定。

主次梁连接　边节点主梁设槽口

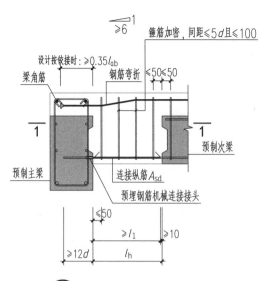

① 次梁端设后浇段
（次梁底纵向钢筋采用机械连接）

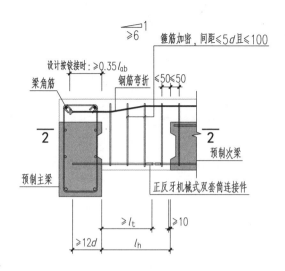

② 次梁端设后浇段
（次梁底纵向钢筋采用正反牙机械式双套筒连接）

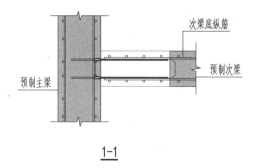

1-1

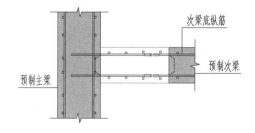

2-2

注：1. l_h-后浇段长度；l_t-钢筋连接伸出长度。
　　2. 采用钢筋机械连接时，接头位置应考虑施工操作空间的要求。
　　3. 连接纵筋 A_{sd} 由设计确定。

主次梁连接　边节点次梁设后浇段（一）	图集号	2024沪G105

审核　花炳灿　　　　校对　雷杰　　　设计　徐烟生　　　页　码　59

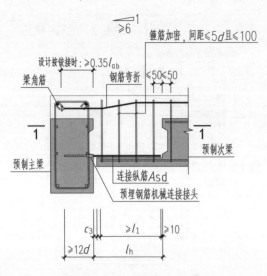

③ 次梁端设后浇段
（次梁端设槽口）

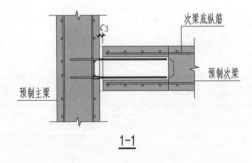

1-1

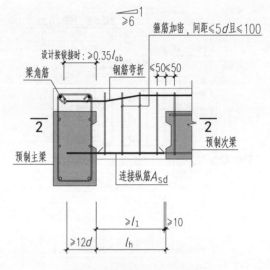

④ 次梁端设后浇段
（次梁底纵向钢筋采用搭接连接）

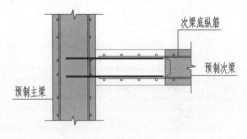

2-2

注：1. c_3－预制次梁端部到主梁的间隙，由设计确定；l_h－后浇段长度。
　　2. 采用钢筋机械连接时，接头位置应考虑施工操作空间的要求。
　　3. 节点中预制次梁端部槽口尺寸及配筋等由设计确定。
　　4. 连接纵筋 A_{sd} 由设计确定。

主次梁连接　边节点次梁设后浇段（二）	图集号	2024沪G105
审核 花炳灿 [签名] 校对 雷杰 [签名] 设计 徐烟生 [签名]	页　码	60

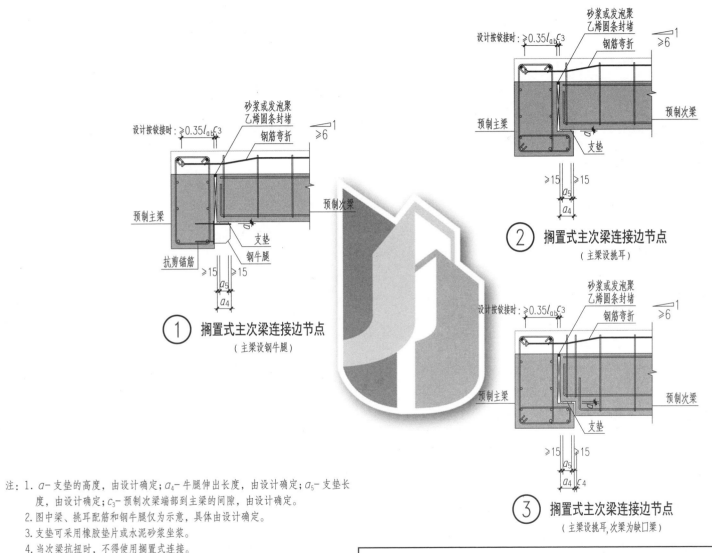

① 搁置式主次梁连接边节点
（主梁设钢牛腿）

设计按铰接时：≥$0.35l_{ab}$ c_3

砂浆或发泡聚乙烯圆条封堵

钢筋弯折

≥6

预制主梁

预制次梁

支垫

钢牛腿

抗剪锚筋

≥15 a_5 ≥15 a_4

② 搁置式主次梁连接边节点
（主梁设挑耳）

设计按铰接时：≥$0.35l_{ab}$ c_3

砂浆或发泡聚乙烯圆条封堵

钢筋弯折

≥6

预制主梁

预制次梁

支垫

≥15 a_5 ≥15 a_4

③ 搁置式主次梁连接边节点
（主梁设挑耳,次梁为缺口梁）

设计按铰接时：≥$0.35l_{ab}$ c_3

砂浆或发泡聚乙烯圆条封堵

钢筋弯折

≥6

预制主梁

预制次梁

支垫

≥15 a_5 ≥15 a_4 c_4

注：1. a－支垫的高度，由设计确定；a_4－牛腿伸出长度，由设计确定；a_5－支垫长度，由设计确定；c_3－预制次梁端部到主梁的间隙，由设计确定。

2. 图中梁、挑耳配筋和钢牛腿仅为示意，具体由设计确定。

3. 支垫可采用橡胶垫片或水泥砂浆坐浆。

4. 当次梁抗扭时，不得使用搁置式连接。

5. 牛担板节点设计应满足现行国家标准《装配式混凝土建筑技术标准》GB/T 51231 的相关要求。

6. 牛担板节点中主梁架立筋用作收缩钢筋时，架立筋可局部截断。

主次梁连接（简支） 边节点搁置式连接构造	图集号	2024沪G105
审核 花炳灿	校对 雷杰	设计 徐烟生	页 码 61

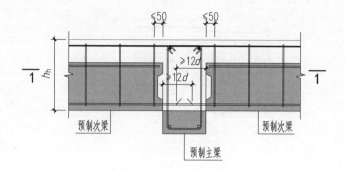

① 主梁预留后浇槽口
（一侧次梁梁端下部纵筋水平
错位弯折后伸入支座锚固）

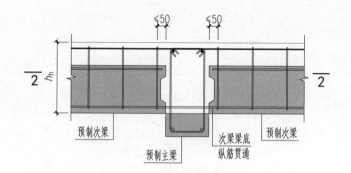

② 主梁预留后浇槽口
（两侧次梁梁底纵筋贯通）

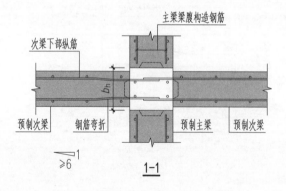

1-1

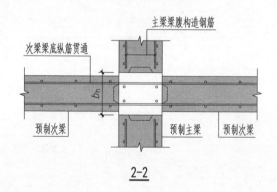

2-2

注：1. 节点主梁梁腹配置的纵筋为构造纵筋，次梁梁底预留伸入支座的纵向钢筋。当主梁梁腹配置受扭纵筋时，受扭纵筋应在主梁预留槽口处贯通；当腰筋不承受扭矩时，可不伸入梁柱节点核心区。次梁梁底可预埋机械连接接头，连接伸入支座的纵向钢筋。

2. 主梁预留槽口的高度 h_h 和宽度 b_h 由设计确定。预制主梁吊装时，需采取加强措施。

3. 采用节点①时，梁下部纵筋可竖向搭接，也可水平搭接；竖向搭接时，有弯起钢筋的次梁后吊装。

4. 节点②适用于主梁梁腹配置的纵筋为构造纵筋的情况，次梁梁底纵筋贯通。

主次梁连接　中间节点主梁设槽口（一）	图集号	2024沪G105

| 审核 | 花炳灿 | | 校对 | 雷杰 | | 设计 | 徐烟生 | | 页　码 | 62 |

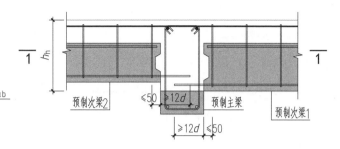

④ 主梁预留后浇槽口
（次梁底面有高差）

充分利用钢筋强度时：≥0.6l_{ab}；设计按铰接时：≥0.35l_{ab}

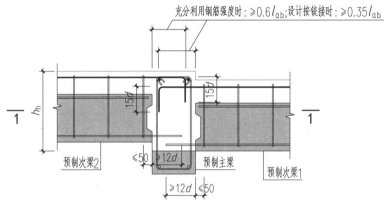

③ 主梁预留后浇槽口
（次梁顶面和底面均有高差）

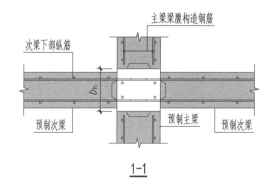

1-1

注：1. 节点③、④的主梁梁腹配置的纵筋为构造纵筋。次梁梁底预留伸入支座的纵向钢筋。当主梁梁腹配置的纵筋为受扭纵筋时，受扭纵筋应在主梁预留槽口处贯通，次梁梁底可预埋机械连接接头，连接伸入支座的纵向钢筋；或采用现场焊接梁腹纵筋的做法，具体参见本图集第58页。

2. 主梁预留槽口的高度h_h和宽度b_h由设计确定。预制主梁吊装时，需采取加强措施。

3. 采用节点③时，次梁梁面纵筋在端支座应伸至主梁外侧纵筋内侧后弯折；

当直段长度达到其锚固长度l_a时，可不弯折。当梁底平齐时，梁下部纵筋可竖向搭接，也可水平搭接；竖向搭接时，有弯起钢筋的次梁后吊装。

4. 采用节点③、④时，先安装预制次梁1，后安装预制次梁2。

主次梁连接　中间节点主梁设槽口（二）	图集号	2024沪G105
审核 花炳灿　校对 雷杰　设计 徐烟生	页　码	63

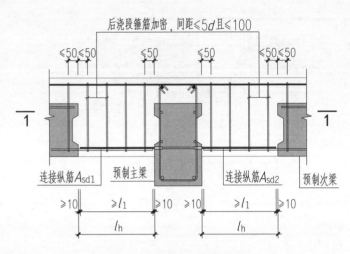

后浇段箍筋加密，间距≤5d且≤100

≤50 ≤50　≤50　≤50　≤50 ≤50

连接纵筋A_{sd1}　预制主梁　　连接纵筋A_{sd2}　预制次梁

≥10　≥l_1　≥10　≥10　≥l_1　≥10

l_h　　　l_h

① 次梁端设后浇段
（次梁底纵向钢筋采用机械连接）

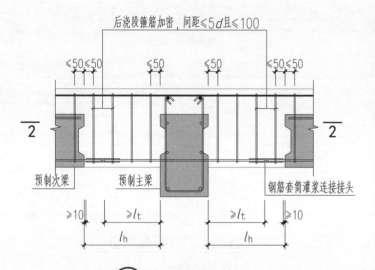

后浇段箍筋加密，间距≤5d且≤100

≤50 ≤50　≤50　≤50　≤50 ≤50

预制次梁　　预制主梁　　钢筋套筒灌浆连接接头

≥10　≥l_t　≥10　≥l_t　≥10

l_h　　　l_h

② 次梁端设后浇段
（次梁底纵向钢筋采用灌浆套筒连接）

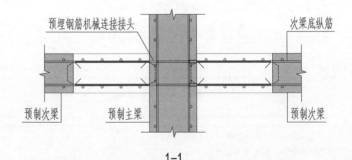

预埋钢筋机械连接接头　　　　　次梁底纵筋

预制次梁　　预制主梁　　　　预制次梁

1-1

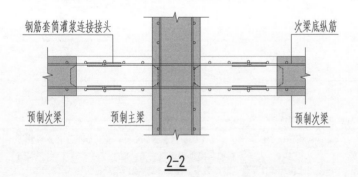

钢筋套筒灌浆连接接头　　　　　次梁底纵筋

预制次梁　　预制主梁　　　　预制次梁

2-2

注：1. l_h-后浇段长度；l_t-钢筋连接伸出长度；l_1-纵向受拉钢筋搭接长度。
　　2. 采用钢筋机械连接时，接头位置应考虑施工操作空间的要求。
　　3. 连接纵筋A_{sd1}和A_{sd2}由设计确定。
　　4. 采用节点①时，梁下部纵筋可竖向搭接，也可水平搭接。

主次梁连接　中间节点次梁设后浇段	图集号	2024沪G105

审核 花炳灿　　校对 雷杰　　设计 徐烟生　　页码 64

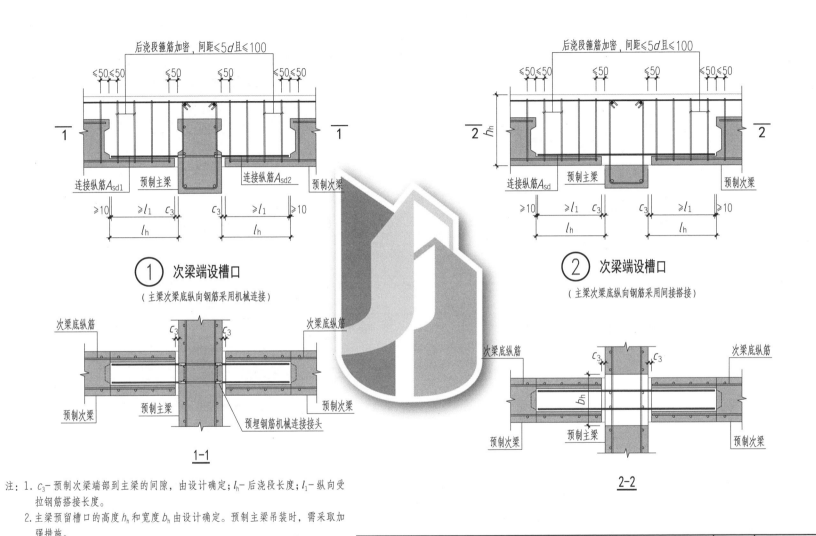

① 次梁端设槽口
（主梁次梁底纵向钢筋采用机械连接）

② 次梁端设槽口
（主梁次梁底纵向钢筋采用间接搭接）

1-1

2-2

注：1. c_3 -预制次梁端部到主梁的间隙，由设计确定；l_h -后浇段长度；l_1 -纵向受
    拉钢筋搭接长度。

2. 主梁预留槽口的高度 h_h 和宽度 b_h 由设计确定。预制主梁吊装时，需采取加
    强措施。

3. 采用钢筋机械连接时，接头位置应考虑施工操作空间的要求。

4. 预制次梁端部槽口尺寸及配筋等由设计确定。

5. 连接纵筋 A_{sd}、A_{sd1} 和 A_{sd2} 由设计确定。

主次梁连接　中间节点次梁端设槽口	图集号	2024沪G105
审核 花炳灿 校对 雷杰 设计 徐烟生	页码	65

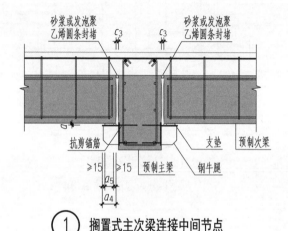

砂浆或发泡聚
乙烯圆条封堵

砂浆或发泡聚
乙烯圆条封堵

c_3 c_3

抗剪锚筋
≥15 ≥15 预制主梁
a_5
a_4

支垫
钢牛腿
预制次梁

① 搁置式主次梁连接中间节点

（主梁设钢牛腿）

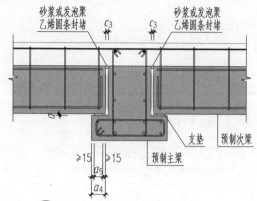

砂浆或发泡聚
乙烯圆条封堵

砂浆或发泡聚
乙烯圆条封堵

c_3 c_3

支垫
预制次梁
预制主梁

≥15 ≥15
a_5
a_4

② 搁置式主次梁连接中间节点

（主梁设挑耳）

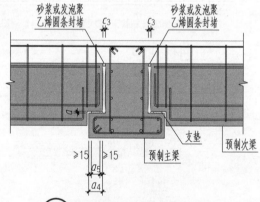

砂浆或发泡聚
乙烯圆条封堵

砂浆或发泡聚
乙烯圆条封堵

c_3 c_3

支垫
预制次梁
预制主梁

≥15 ≥15
a_5
a_4

③ 搁置式主次梁连接中间节点

（主梁设挑耳，次梁为缺口梁）

注：1. a－支垫的高度，由设计确定；a_4－牛腿伸出长度，由设计确定；a_5－支垫长
度，由设计确定；c_3－预制次梁端部到主梁的间隙，由设计确定。
2. 图中梁、挑耳配筋和钢牛腿仅为示意，具体由设计确定。
3. 支垫可采用橡胶垫片或水泥砂浆坐浆。
4. 当次梁抗扭时，不得使用搁置式连接。
5. 牛担板、栓钉及主梁预埋件的具体尺寸均由设计确定。

主次梁连接 中间节点搁置式连接构造

图集号	2024沪G105
审核 花炳灿 校对 雷杰 设计 徐烟生	页码 66

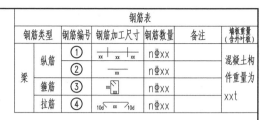

钢筋表					
钢筋类型	钢筋编号	钢筋加工尺寸	钢筋数量	备注	墙板重量（含外叶板）
梁	①	xx | xx | xx	nΦxx		混凝土构件重量为 xxt
	②	xx	nΦxx		
	箍筋 ③	xx	nΦxx		
	拉筋 ④	10d xx 10d	nΦxx		

预埋件表				
编号	功能	图例	个数	备注
S2	运输吊装用预埋件	✛	XX	预埋件的数量和形式由各构件生产单位视具体项目的情况确定

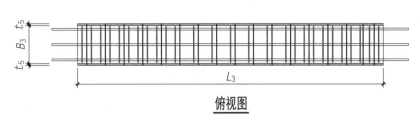

俯视图

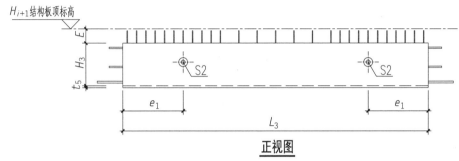

正视图

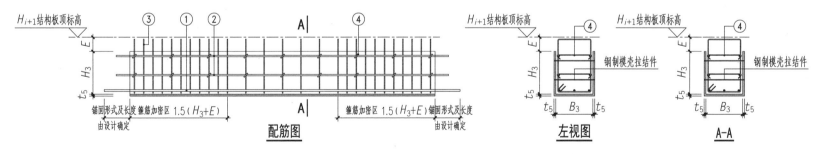

配筋图　　　　　左视图　　　　　A-A

注：1. B_3-预制梁截面宽度；E-叠合梁后浇层厚度，大于等于150mm；H_3-预制梁高度，为梁高-叠合层厚度；L_3-预制梁长度；t_5-模壳厚度，宜为20mm~30mm。
　　2. 本图中所有预埋件均为示意，其尺寸大小和数量需由相关深化和生产单位经过计算确定。

3. 本图中受力钢筋的大小由实际计算确定，相关加密区箍筋间距亦按相关标准规范确定。
4. 钢制拉结件数量根据梁高进行设计布置。

集成钢筋免模梁　模板图、配筋图

图集号 2024沪G105

审核	李伟兴	校对	符宇欣	设计	赵聪	页码	67

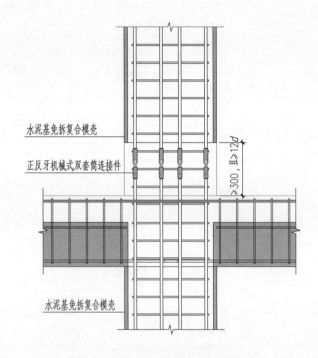

水泥基免拆复合模壳

正反牙机械式双套筒连接件

≥300，且≥12d

水泥基免拆复合模壳

①集成钢筋免模柱等截面连接构造
（采用正反牙机械式双套筒连接件连接）

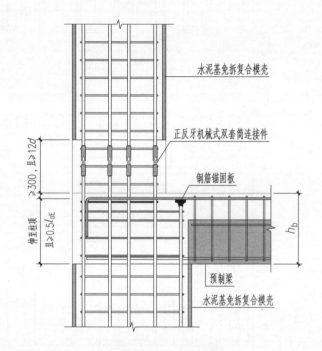

水泥基免拆复合模壳

正反牙机械式双套筒连接件

钢筋锚固板

≥300，且≥12d

伸至柱顶
且≥0.5l_{dE}

h_b

预制梁

水泥基免拆复合模壳

②集成钢筋免模柱变截面连接构造

注：1.集成钢筋免模柱纵筋宜采用正反牙机械式双套筒连接件连接，连接接头为一级。

2.柱箍筋采用焊接封闭箍时，焊接点设置在受力较小的柱边，宜采用闪光对焊。

3.主筋定位由深化阶段确定，保证上、下钢筋准确定位。

4.当采用锚固板锚固时，锚固位置应考虑操作空间的要求，尺寸规格由设计确定。

集成钢筋免模梁、柱　连接构造	图集号	2024沪G105

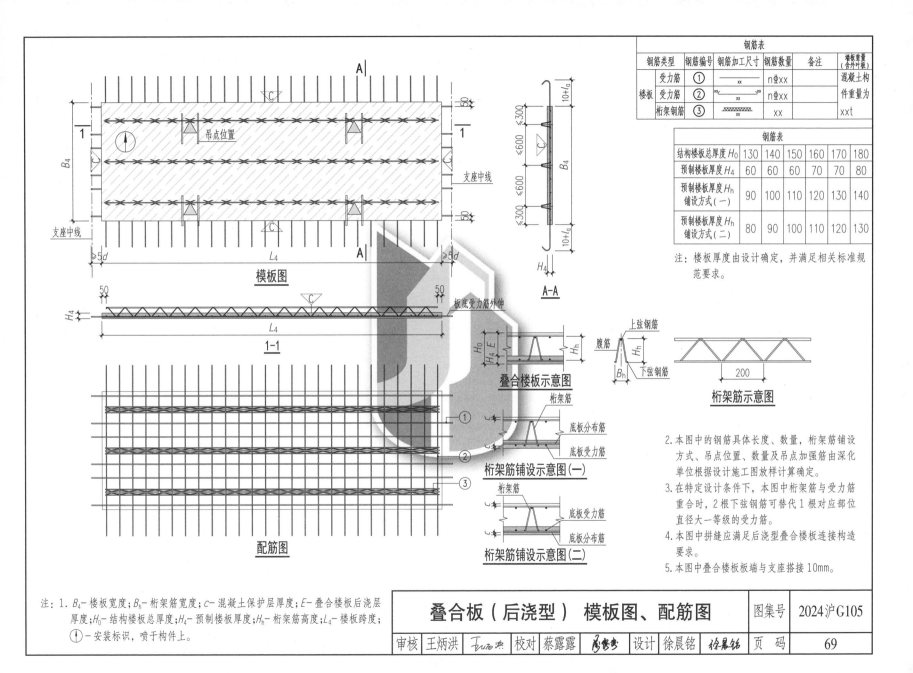

钢筋表

钢筋类型	钢筋编号	钢筋加工尺寸	钢筋数量	备注	墙板重量（含外叶板）
楼板	受力筋 ①	—— xx	nΦxx		混凝土构件重量为 xxt
	受力筋 ②	xx xx	nΦxx		
	桁架钢筋 ③	xxxxxxxxx	xx		

钢筋表

结构楼板总厚度 H_0	130	140	150	160	170	180
预制楼板厚度 H_4	60	60	60	70	70	80
预制楼板厚度 H_h 铺设方式（一）	90	100	110	120	130	140
预制楼板厚度 H_h 铺设方式（二）	80	90	100	110	120	130

注：楼板厚度由设计确定，并满足相关标准规范要求。

模板图

A-A

1-1

配筋图

叠合楼板示意图

桁架筋铺设示意图（一）

桁架筋铺设示意图（二）

桁架筋示意图

2. 本图中的钢筋具体长度、数量，桁架筋铺设方式、吊点位置、数量及吊点加强筋由深化单位根据设计施工图放样计算确定。

3. 在特定设计条件下，本图中桁架筋与受力筋重合时，2根下弦钢筋可替代1根对应部位直径大一等级的受力筋。

4. 本图中拼缝应满足后浇型叠合楼板连接构造要求。

5. 本图中叠合楼板板端与支座搭接10mm。

注：1. B_4—楼板宽度；B_h—桁架筋宽度；c—混凝土保护层厚度；E—叠合楼板后浇层厚度；H_0—结构楼板总厚度；H_4—预制楼板厚度；H_h—桁架筋高度；L_4—楼板跨度；①—安装标识，喷于构件上。

叠合板（后浇型） 模板图、配筋图

图集号	2024沪G105
审核 王炳洪	校对 蔡露露	设计 徐晨铭	页码 69

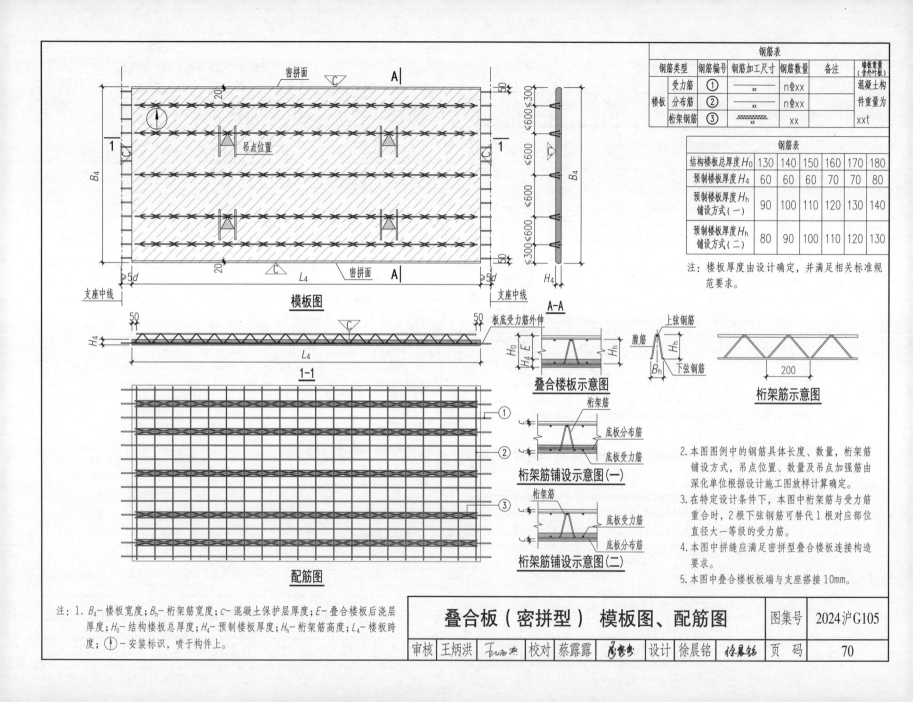

钢筋表						
钢筋类型	钢筋编号	钢筋加工尺寸	钢筋数量	备注		楼板重量（含叶板）
楼板	受力筋	①	xx	n±xx	混凝土构	
	分布筋	②	xx	n±xx	件重量为	
	桁架钢筋	③	xx		xxt	

钢筋表						
结构楼板总厚度 H_0	130	140	150	160	170	180
预制楼板厚度 H_4	60	60	60	70	70	80
预制楼板厚度 H_h 铺设方式（一）	90	100	110	120	130	140
预制楼板厚度 H_h 铺设方式（二）	80	90	100	110	120	130

注：楼板厚度由设计确定，并满足相关标准规范要求。

模板图

1-1

配筋图

A-A

叠合楼板示意图

桁架筋示意图

桁架筋铺设示意图（一）

桁架筋铺设示意图（二）

2. 本图图例中的钢筋具体长度、数量，桁架筋铺设方式，吊点位置、数量及吊点加强筋由深化单位根据设计施工图放样计算确定。

3. 在特定设计条件下，本图中桁架筋与受力筋重合时，2根下弦钢筋可替代1根对应部位直径大一等级的受力筋。

4. 本图中拼缝应满足密拼型叠合楼板连接构造要求。

5. 本图中叠合楼板板端与支座搭接10mm。

注：1. B_4- 楼板宽度；B_h- 桁架筋宽度；c- 混凝土保护层厚度；E- 叠合楼板后浇层厚度；H_0- 结构楼板总厚度；H_4- 预制楼板厚度；H_h- 桁架筋高度；L_4- 楼板跨度；① - 安装标识，喷于构件上。

叠合板（密拼型） 模板图、配筋图

审核	王炳洪	王炳洪	校对	蔡露露		设计	徐晨铭	徐晨铭

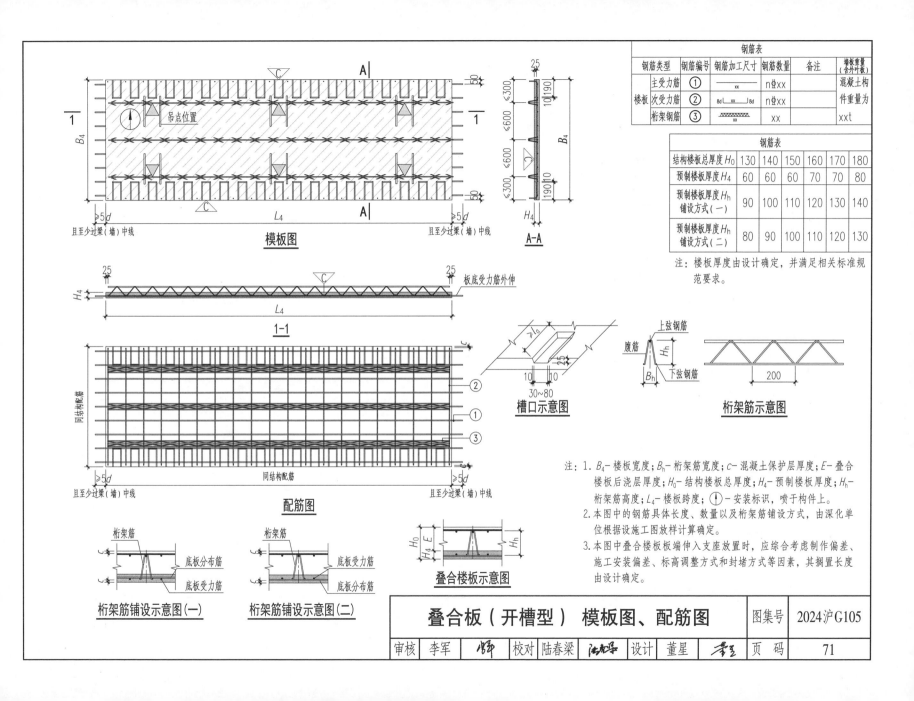

钢筋表

钢筋类型		钢筋编号	钢筋加工尺寸	钢筋数量	备注	楼板重量(含外叶板)
楼板	主受力筋	①	—— xx	n⊕xx		混凝土构件重量为 xxt
	次受力筋	②	8d ⌐ xx ¬ 8d	n⊕xx		
	桁架钢筋	③	～～～ xx	xx		

钢筋表

结构楼板总厚度 H_0	130	140	150	160	170	180
预制楼板厚度 H_4	60	60	60	70	70	80
预制楼板厚度 H_h 铺设方式(一)	90	100	110	120	130	140
预制楼板厚度 H_h 铺设方式(二)	80	90	100	110	120	130

注：楼板厚度由设计确定，并满足相关标准规范要求。

模板图

A-A

1-1

配筋图

吊点位置

板底受力筋外伸

且至少过梁（墙）中线

同结构配筋

槽口示意图

桁架筋示意图

上弦钢筋
腹筋
下弦钢筋

桁架筋铺设示意图(一)
桁架筋：底板分布筋、底板受力筋

桁架筋铺设示意图(二)
桁架筋：底板受力筋、底板分布筋

叠合楼板示意图

注：1. B_4－楼板宽度；B_h－桁架筋宽度；c－混凝土保护层厚度；E－叠合楼板后浇层厚度；H_0－结构楼板总厚度；H_4－预制楼板厚度；H_h－桁架筋高度；L_4－楼板跨度；⊕－安装标识，喷于构件上。

2. 本图中的钢筋具体长度、数量以及桁架筋铺设方式，由深化单位根据设施工图放样计算确定。

3. 本图中叠合楼板板端伸入支座放置时，应综合考虑制作偏差、施工安装偏差、标高调整方式和封堵方式等因素，其搁置长度由设计确定。

叠合板（开槽型）模板图、配筋图

图集号 2024沪G105

| 审核 | 李军 | 校对 | 陆春梁 | 设计 | 董星 | 页码 | 71 |

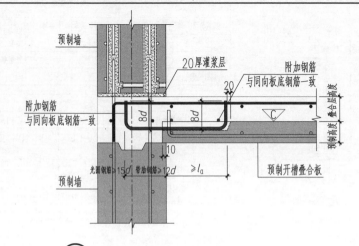

① 开槽叠合板边支座连接构造（一）

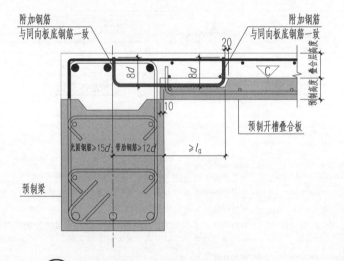

② 开槽叠合板边支座连接构造（二）

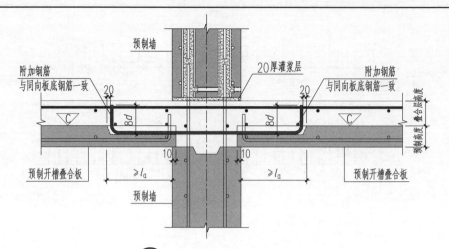

③ 开槽叠合板边中座连接构造（一）

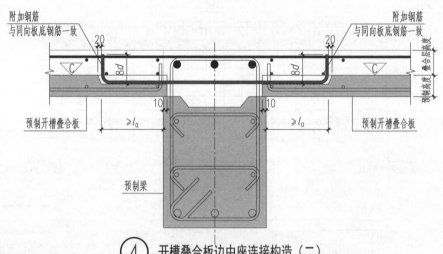

④ 开槽叠合板边中座连接构造（二）

叠合板（开槽型）连接构造	图集号	2024沪G105
	审核 李军	校对 陆春梁	设计 董星	页 码	72

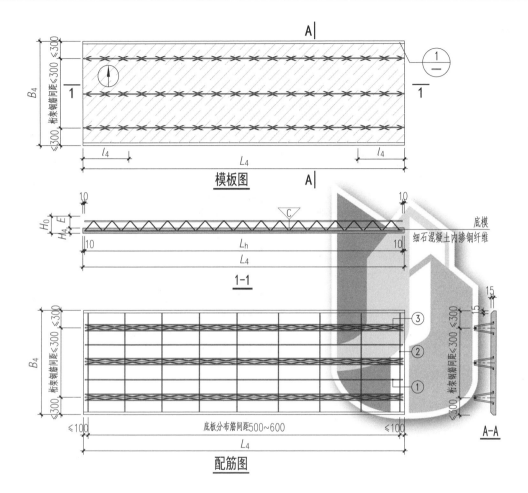

模板图

1-1

配筋图

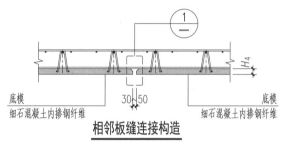

相邻板缝连接构造

底板与底板拼接，平行桁架方向

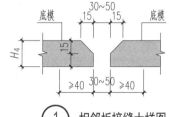

① 相邻板接缝大样图

钢筋表

钢筋类型		钢筋编号	钢筋加工尺寸	钢筋数量	备注	墙板重量（含外叶板）
楼板	受力筋	①	———— xx	nΦxx		混凝土构件重量为 xxt
	分布筋	②	———— xx	nΦxx		
	桁架钢筋	③	∿∿∿∿ xx	xx		

注：楼板厚度由设计确定，并满足相关标准规范要求。

注：1. B_4-钢纤维预制叠合板宽度；E-钢纤维预制叠合板后浇层厚度；H_0-结构楼板总厚度；H_4-预制钢纤维底板厚度；L_4-楼板跨度；L_h-桁架钢筋长度；l_4-支座距板端的间距；Ⅰ-安装标识，喷在构件上。

2. 钢锭铣削型钢纤维混凝土钢筋桁架叠合楼板由钢锭铣削型钢纤维混凝土底板、板底纵筋、板宽方向的构造钢筋、细石混凝土以及加密的钢筋桁架组成。

3. 钢锭铣削型钢纤维含量为 30kg/m³。

4. 桁架钢筋长度 L_h 应根据板跨及荷载工况确定；$l_4 \geqslant 300mm$、$H_4 \geqslant 35mm$。

5. 桁架规格及支座钢筋应按钢筋表及设计确定。

6. 对于满足不设撑或支撑间距大于3m的板，在有可靠依据的前提下，现阶段可认为其满足《上海市装配式建筑单体预制率和装配率计算细则》中"免撑全预制板、免撑叠合板、免模免撑现浇板"的免撑要求。

免撑叠合板（钢纤维增强型） 模板图、配筋图

图集号	2024沪G105

| 审核 | 陈丰华 | 校对 | 陆点威 | 设计 | 王学强 | 页 码 | 73 |

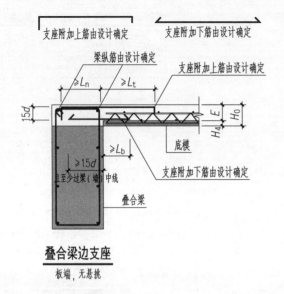

支座附加上筋由设计确定

支座附加下筋由设计确定

梁纵筋由设计确定

支座附加上筋由设计确定

$\geq L_n$

$\geq L_t$

15d

E

H_0

H_4

底模

$\geq L_b$

且至少过梁（墙）中线

$\geq 15d$

支座附加下筋由设计确定

叠合梁

叠合梁边支座

板端，无悬挑

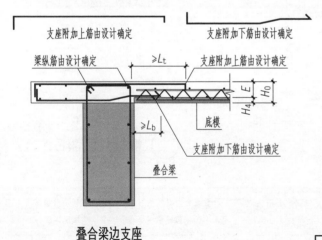

支座附加上筋由设计确定

支座附加下筋由设计确定

梁纵筋由设计确定

$\geq L_t$

支座附加上筋由设计确定

E

H_0

H_4

底模

$\geq L_b$

支座附加下筋由设计确定

叠合梁

叠合梁边支座

板端，有悬挑

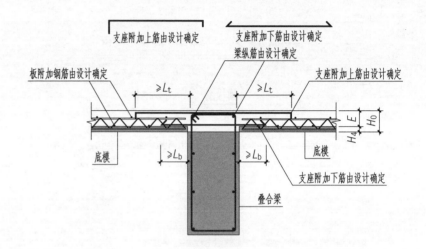

支座附加上筋由设计确定

支座附加下筋由设计确定

梁纵筋由设计确定

板附加钢筋由设计确定

支座附加上筋由设计确定

$\geq L_t$

$\geq L_t$

E

H_0

H_4

底模

底模

$\geq L_b$

$\geq L_b$

支座附加下筋由设计确定

叠合梁

叠合梁中间支座

注：1. E- 免撑叠合楼板后浇层厚度；H_0- 结构楼板总厚度；H_4- 预制钢纤维底板厚度；L_n- 支座上筋伸入梁内的长度，由设计计算确定；L_b- 支座下筋伸入板内的长度；L_t- 支座上筋伸入板内的长度。

2. 楼承板两端施工支撑点设置在腹杆波谷位置，距梁端外边缘距离 ≤ 300mm。

3. 充分利用钢筋强度 $L_n=0.6L_{ab}$，设计按铰接时 $L_n=0.35L_{ab}$（L_{ab}为基本锚固长度）。

免撑叠合板（钢纤维增强型） 连接构造		图集号	2024沪G105
审核 陈丰华	校对 陆点威	设计 王学强	页码 74

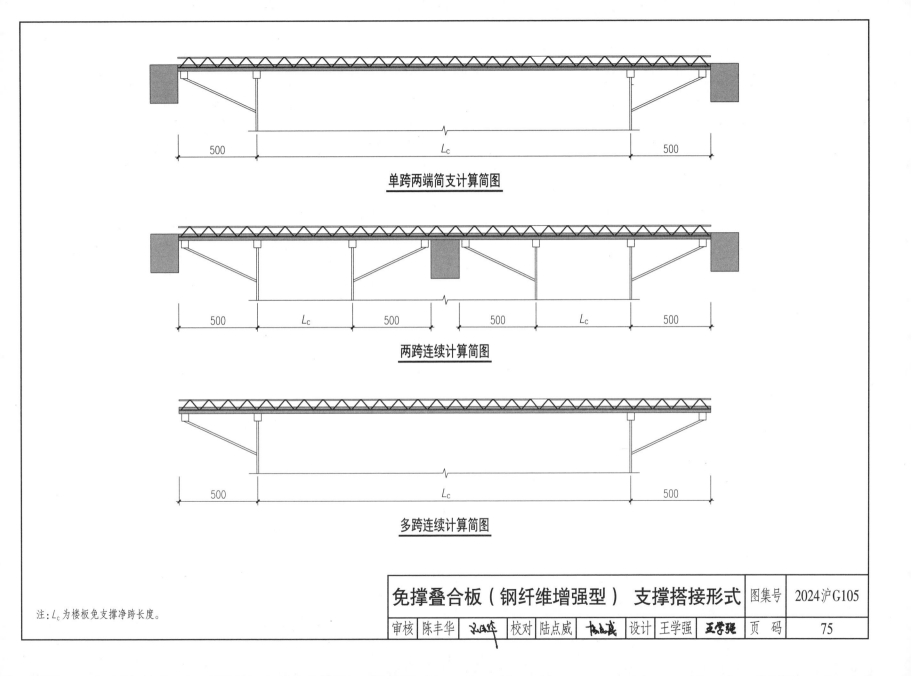

单跨两端简支计算简图

两跨连续计算简图

多跨连续计算简图

注：L_c为楼板免支撑净跨长度。

免撑叠合板（钢纤维增强型） 支撑搭接形式

审核 陈丰华　校对 陆点威　设计 王学强

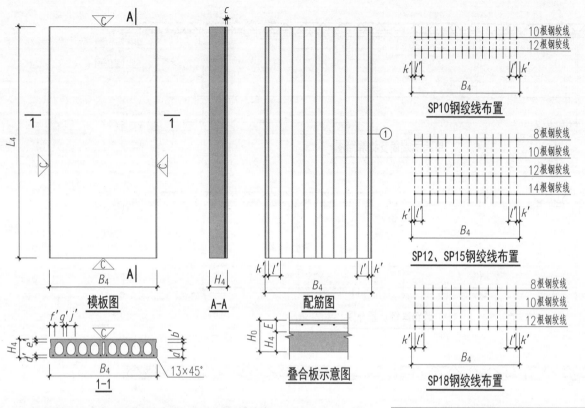

SP10钢绞线布置

6根钢绞线
8根钢绞线
10根钢绞线

SP20、SP25钢绞线布置

8根钢绞线
10根钢绞线
12根钢绞线
14根钢绞线

SP12、SP15钢绞线布置

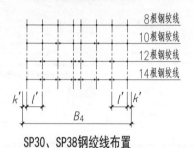

SP30、SP38钢绞线布置

8根钢绞线
10根钢绞线
12根钢绞线

SP18钢绞线布置

SP板模板细部尺寸表								
H_4	100	120	150	180	200	250	300	380
a'	25	30	38	37	89	89	102	127
b'	24	25	36	67	35	59	96	126
d'	23	30	30	34	29	29	38	32
e'	23	30	25	34	31	30	46	37
f'	51	53	52	58	54	54	68	67
g'	27	37	32	38	34	34	44	48
j'	48	50	57	64	98	98	127	111

注：1. a'－板边下部细部高度；B_4－楼板宽度；b'－板边上部细部高度；c－混凝土保护层厚度；d'－孔洞底距板底高度；E－免撑叠合楼板后浇层厚度；e'－孔洞顶距板顶高度；f'－孔洞距板边尺寸；g'－孔洞净距；H_0－结构楼板厚度；H_4－预制板厚度；j'－孔洞宽度；k'－预应力筋边距尺寸；L_4－楼板跨度；l'－预应力筋间距。

2. 本图图例中的钢筋具体长度、数量以及桁架筋铺设方式，由深化单位根据设计施工图放样确定。

3. 本图中SP板板端伸入支座放置时，应综合考虑制作偏差、施工安装偏差、标高调整方式和封堵方式等因素，其搁置长度由设计确定。

4. 同一肋中设置2根钢绞线时，其中心距不应小于40mm。

5. 吊装SP板时，可用钢丝绳在距两端200mm~300mm处，将SP板兜住，钢丝绳与板夹角不得小于50°。

SP板预应力筋布置尺寸表								
H_4	100	120	150	180	200	250	300	380
k'	37.5	34.5	36	39	39	39	46	50.5
l'	75	87	89	102	132	132	171	159

钢筋表						
预应力筋类型	预应力筋编号	预应力筋加工尺寸		预应力筋数量	备注	楼板重量
SP板主受力筋	①	─── xx		n-xx	钢绞线	xxt

免撑叠合板（SP板）模板图、配筋图

图集号 **2024沪G105**

审核	程海江	程海江	校对	黄剑锋		设计	李钱	李钱	页码	**76**

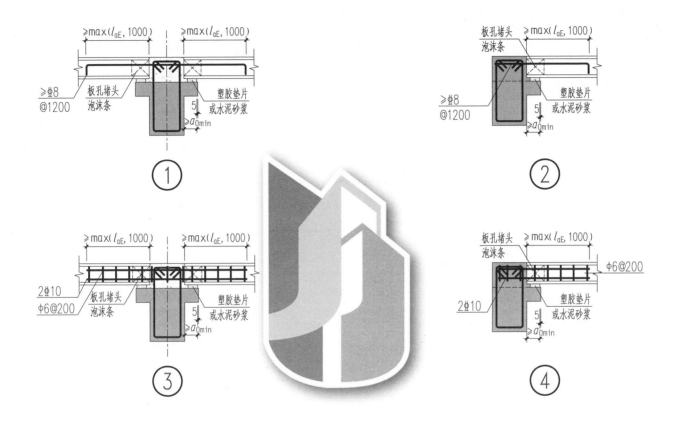

注：1. 本页节点做法参考现行国家建筑标准设计图集《SP预应力空心板》05SG408。

2. l_{aE}－受拉钢筋抗震锚固长度；a_{0min}－板端支承长度。

3. 本图集提供两种类型板端连接构造，供设计者结合具体工程要求参考使用。

4. SP 板端支承长度 a_{0min} 不宜小于 $L/180$ 和 50mm 中的较大值。

5. 图示拉锚钢筋一般设在板缝中，需要时也可设在芯孔中，芯孔应预先开槽。

6. 采用混凝土后浇层方案时，板顶应处理成粗糙面；后浇混凝土时，应保证板顶面处于清洁和湿润状态；混凝土应振捣密实，并注意养护。

7. 本图中用 φ 表示热轧 HPB300 钢筋，Φ 表示热轧 HRB400 钢筋。

8. 当板面有叠合层时，做法与此类似。

9. 对于满足不设撑或支撑间距大于3m 的板，在有可靠依据的前提下，现阶段可认为其满足《上海市装配式建筑单体预制率和装配率计算细则》中"免撑全预制板、免撑叠合板、免模免撑现浇板"的免撑要求。

免撑叠合板（SP 板） 连接构造

图集号	2024沪G105
审核 程海江 程海江 校对 黄剑锋 设计 李钱	
页 码	77

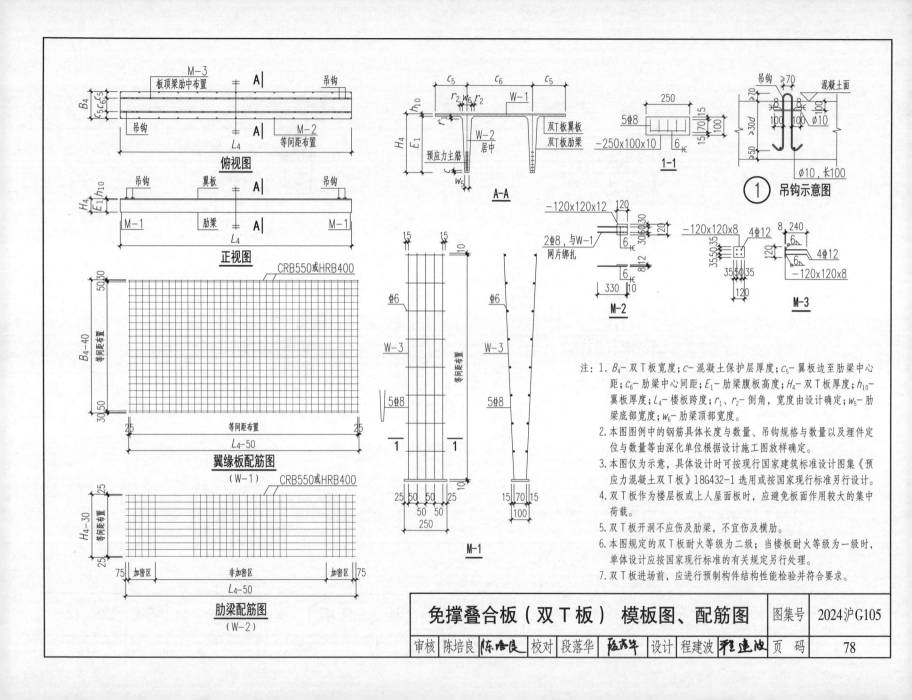

俯视图

板顶梁肋中布置 M-3

吊钩

M-2

等间距布置

正视图

吊钩 翼板 吊钩

M-1 肋梁 M-1

A-A

双T板翼板
双T板肋梁
预应力主筋
W-1
W-2 居中

1-1

250
5⌀8
-250×100×10
6

吊钩示意图

混凝土面
⌀10、长100

M-2
-120×120×12
2⌀8，与W-1网片绑扎

M-3
-120×120×8
4⌀12

M-1

翼缘板配筋图
（W-1）
CRB550或HRB400
等间距布置

肋梁配筋图
（W-2）
CRB550或HRB400
加密区 非加密区 加密区

注：1.B_4-双T板宽度；c-混凝土保护层厚度；c_5-翼板边至肋梁中心距；c_6-肋梁中心间距；E_1-肋梁腹板高度；H_4-双T板厚度；h_{10}-翼板厚度；L_4-楼板跨度；r_1、r_2-倒角，宽度由设计确定；w_5-肋梁底部宽度；w_6-肋梁顶部宽度。

2.本图图例中的钢筋具体长度与数量、吊钩规格与数量以及埋件定位与数量等由深化单位根据设计施工图放样确定。

3.本图仅为示意，具体设计时可按现行国家建筑标准设计图集《预应力混凝土双T板》18G432-1选用或按国家现行标准另行设计。

4.双T板作为楼层板或上人屋面板时，应避免板面作用较大的集中荷载。

5.双T板开洞不应伤及肋梁，不宜伤及横肋。

6.本图规定的双T板耐火等级为二级；当楼板耐火等级为一级时，单体设计应按国家现行标准的有关规定另行处理。

7.双T板进场前，应进行预制构件结构性能检验并符合要求。

免撑叠合板（双T板）模板图、配筋图	图集号	2024沪G105
审核 陈培良 陈培良 校对 段落华 庄吉牛 设计 程建波 程建波	页 码	78

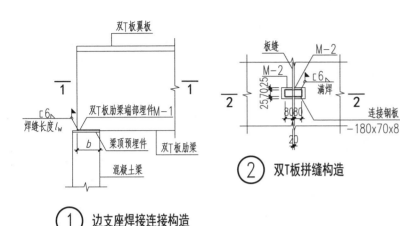

① 边支座焊接连接构造

② 双T板拼缝构造

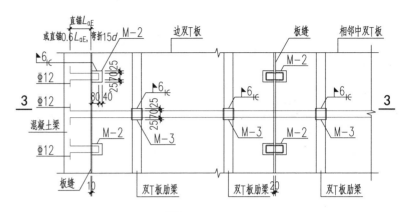

③ 双T板抗震连接构造

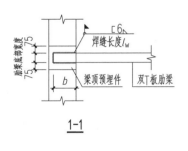

1-1

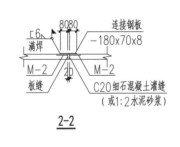

2-2

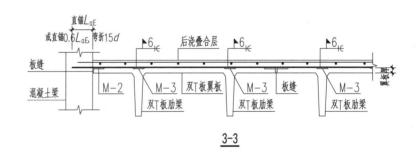

3-3

注：1.本图节点构造仅为示意，具体设计时可按现行国家建筑标准设计图集《预应
　　　力混凝土双T板》18G432-1选用或按国家现行标准另行设计。
　　2.双T板在支座上的搁置宽度b的具体尺寸大小由单体设计确定，b不应小于
　　　200mm（L＜18m）、250mm（18m≤L≤24m），其中L为轴线跨度。
　　3.焊接搭接长度l_w应满足图集最低要求，并宜满焊，焊缝质量等级为三级。
　　4.梁顶预埋件由单体设计确定。
　　5.当双T板顶部设置后浇叠合层时，双T板顶面应设置粗糙面，后浇叠合层及
　　　构造钢筋由单体设计确定。

6.对于满足不设撑或支撑间距大于3m的板，在有可靠依据的前提下，现阶段可认为其满足《上海市装配
　式建筑单预制率和装配率计算细则》中"免撑全预制板、免撑叠合板，免模免撑现浇板"的免撑要求。

免撑叠合板（双T板） 连接构造	图集号	2024沪G105

审核　陈培良　陈培良　校对　段落华　陈雨华　设计　程建波　程建波　页　码　79

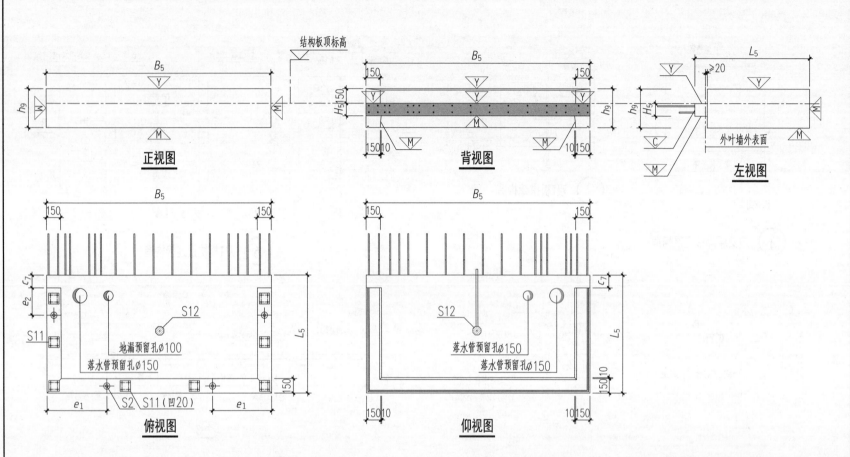

正视图

背视图

左视图

结构板顶标高

外叶墙外表面

地漏预留孔ø100
落水管预留孔ø150

S12

S2 S11(凹20)

俯视图

落水管预留孔ø150
落水管预留孔ø150

S12

仰视图

注：1. B_5－阳台板宽度；c_7－外叶墙板厚度＋保温层厚度＋30mm；e_1、e_2－吊点定位尺寸，须由计算确定；H_5－阳台板厚度；h_9－阳台板封边高度；L_5－阳台板长度。

2. 本图中预制阳台板栏杆预埋件 S11 间距不大于 750mm，且尽量居中等分布置。

3. 预制阳台板开洞位置由具体工程设计在深化图纸中指定。

4. 电线盒应避开板内钢筋，居中布置。

5. 本图中所有预埋件均为示意，其种类和数量应根据具体项目情况确定并应符合有关标准规范要求。

6. 为方便制作后脱模，预制阳台板底部可适当增加倒角。

7. 预制阳台板内的预埋件、连接件埋设应与预埋阳台板内钢筋可靠拉结。

8. 落水管及地漏留洞直径根据项目情况而定，宜采用预埋地漏底座及预埋落水管止水节。

预埋件表

编号	功能	图例	个数	备注
S2	运输吊装用预埋件		XX	预埋件的数量和形式由各构件生产单位视具体项目的情况确定
S11	栏杆预埋件		XX	
S12	电线盒		XX	

全预制板式阳台板　模板图、配筋图	图集号	2024沪G105

| 审核 | 花炳灿 | 校对 | 雷杰 | 设计 | 徐烟生 | 页　码 | 80 |

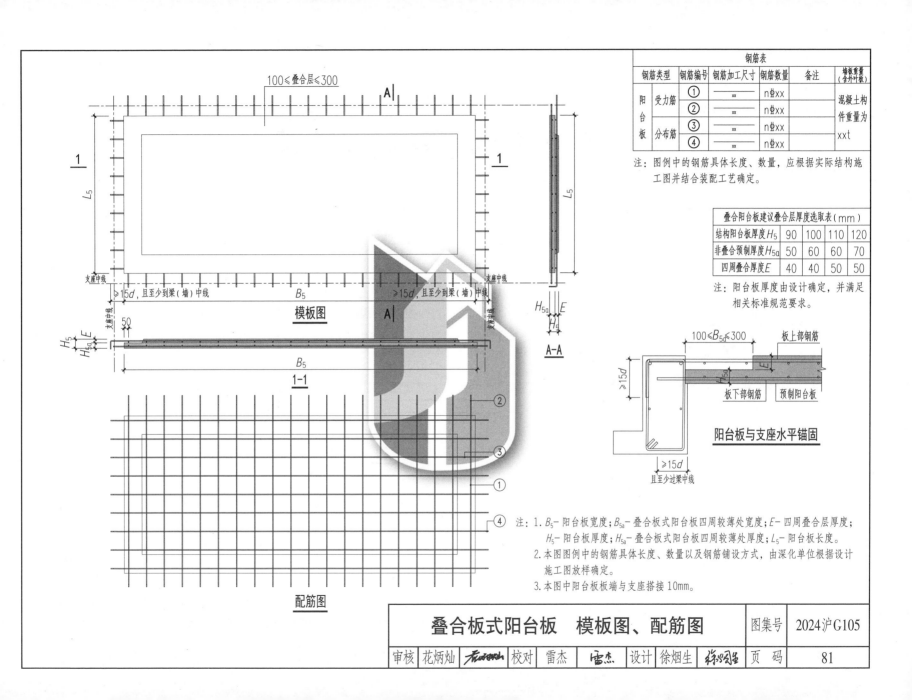

模板图

1-1

A-A

配筋图

阳台板与支座水平锚固

钢筋表

钢筋类型		钢筋编号	钢筋加工尺寸	钢筋数量	备注	墙板重量(含外叶板)
阳台板	受力筋	①	xx	n⊈xx		混凝土构件重量为 xxt
		②	xx	n⊈xx		
	分布筋	③	xx	n⊈xx		
		④	xx	n⊈xx		

注：图例中的钢筋具体长度、数量，应根据实际结构施工图并结合装配工艺确定。

叠合阳台板建议叠合层厚度选取表（mm）

结构阳台板厚度H_5	90	100	110	120
非叠合预制厚度H_{5a}	50	60	60	70
四周叠合厚度E	40	40	50	50

注：阳台板厚度由设计确定，并满足相关标准规范要求。

注：1. B_5- 阳台板宽度；B_{5a}- 叠合板式阳台板四周较薄处宽度；E- 四周叠合层厚度；H_5- 阳台板厚度；H_{5a}- 叠合板式阳台板四周较薄处厚度；L_5- 阳台板长度。
2. 本图图例中的钢筋具体长度、数量以及钢筋铺设方式，由深化单位根据设计施工图放样确定。
3. 本图中阳台板板端与支座搭接10mm。

叠合板式阳台板 模板图、配筋图

图集号	2024沪G105

审核	花炳灿	校对	雷杰	设计	徐烟生	页码	81

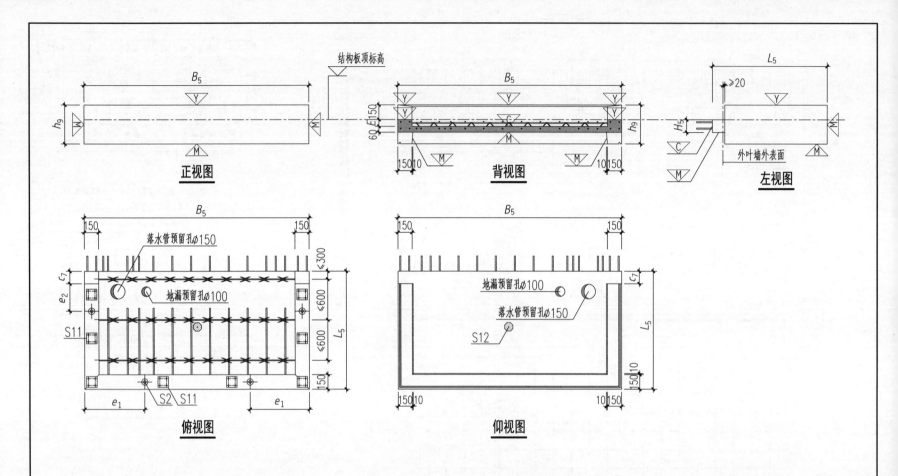

正视图

背视图

左视图

结构板顶标高

B_5

h_9

B_5

h_9

外叶墙外表面

L_5

H_5

C

≥20

E150

60

150 10

10 150

俯视图

B_5

150

150

落水管预留孔φ150

地漏预留孔φ100

S11

S2 S11

c_7

e_2

e_1

e_1

<300

<600

<600

150

L_5

仰视图

B_5

150

150

地漏预留孔φ100

落水管预留孔φ150

S12

c_7

L_5

150 10

150 10

10 150

注：1. B_5-阳台板宽度；c_7-外叶墙板厚度+保温层厚度+30mm；
　　 E-叠合层厚度；e_1、e_2-吊点定位尺寸，须由计算确定；
　　 H_5-阳台板厚度；h_9-阳台板封边高度；L_5-阳台板长度。
2. 本图中预制阳台板栏杆预埋件S11间距不大于750mm，且
　 尽量居中等分布置。
3. 预制阳台板开洞位置由具体工程设计在深化图纸中指定。
4. 电线盒应避开板内钢筋，居中布置。
5. 本图中所有预埋件均为示意，其种类和数量应根据具体项
　 目情况确定并应符合有关标准规范要求。

6. 为方便制作后脱模，预制阳台板底部可适当增加倒角。
7. 预制阳台板内的预埋件、连接件埋设应与预制阳台板内钢
　 筋可靠拉结。

预埋件表

编号	功能	图例	个数	备注
S2	运输吊装用预埋件	⟙ ⊕	XX	预埋件的数量和形式由各
S11	栏杆预埋件	▣	XX	构件生产单位视具体项目
S12	电线盒	⊙	XX	的情况确定

<table>
<tr><td colspan="3" align="center">叠合板式阳台板　预制底板模板图</td><td>图集号</td><td>2024沪G105</td></tr>
<tr><td>审核 花炳灿</td><td>校对 雷杰</td><td>设计 徐烟生</td><td>页　码</td><td>82</td></tr>
</table>

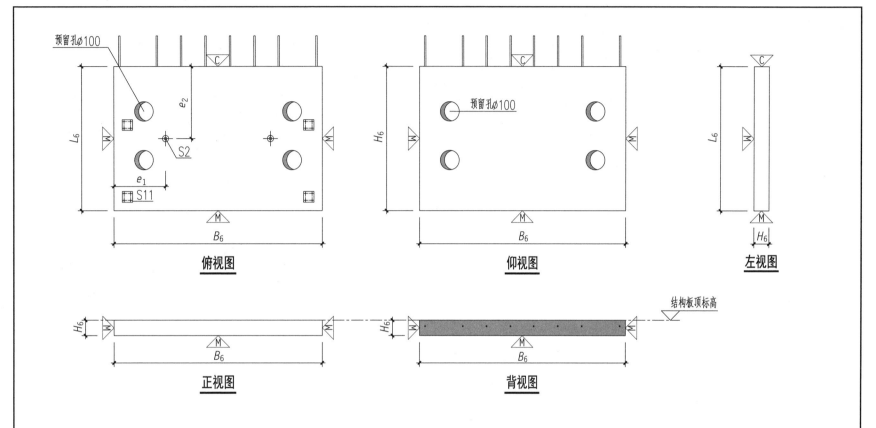

预留孔φ100

e_2

S2

e_1

S11

预留孔φ100

L_6

H_6

L_6

B_6

B_6

H_6

俯视图

仰视图

左视图

H_6

B_6

H_6

结构板顶标高

B_6

正视图

背视图

注：1. B_6－空调板宽度；e_1、e_2－吊点定位尺寸，须由计算确定；H_6－空调板厚度；L_6－空调板长度。

2. 预制空调板开洞位置由具体工程设计在深化图纸中指定。

3. 本图中所有预埋件均为示意，其种类和数量应根据具体项目情况确定并应符合有关标准规范要求。

4. 预制钢筋混凝土空调搁板的吊件可根据相应的标准规范进行设计。当采用普通吊环作为吊件时，吊环应采用HPB300钢筋制作，严禁采用冷加工钢筋。

5. 预制钢筋混凝土空调搁板所用百叶预埋件宜采用优质碳素钢，也可采用其他材料的预埋件。当采用其他材料的预埋件时，

可根据相应的标准规范进行设计。预埋件位置由具体设计确定，预埋件表面应做防腐处理。

6. 预制钢筋混凝土空调搁板选用时，排水孔数量、位置、尺寸由具体设计确定。预制钢筋混凝土空调板安装后，在建筑面层施工时需增加适当的坡度以利于排水，低端在排水孔的一侧，坡度由具体设计确定。

预埋件表				
编号	功能	图例	个数	备注
S2	运输吊装用预埋件		XX	预埋件的数量和形式由各构件生产单位视具体项目的情况确定
S11	栏杆预埋件		XX	

预制空调板　模板图、配筋图

							图集号	2024沪G105
审核	章国森		校对	傅兴君		设计	王晓鹏	页码 83

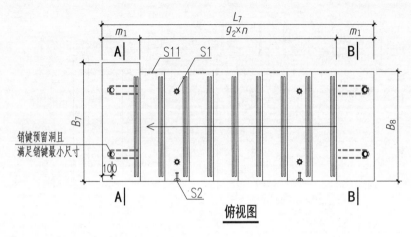

销键预留洞且
满足销键最小尺寸

100

S2

俯视图

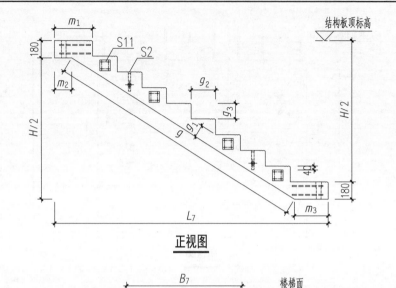

正视图

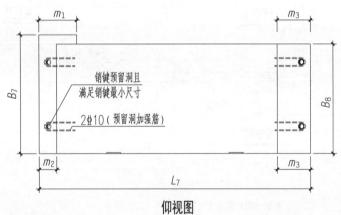

销键预留洞且
满足销键最小尺寸

2Φ10（预留洞加强筋）

仰视图

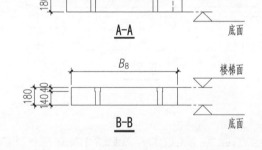

楼梯面

底面

A-A

楼梯面

底面

B-B

注：1. B_7－楼梯宽度；B_8－梯井定位尺寸；g－梯段斜板长度；g_1－梯段板厚度；g_2－踏步宽度；g_3－踏步高度；H－层高；L_7－楼梯长度；m_1、m_2、m_3－首尾踏步定位尺寸。

2. 梯板上埋件具体定位和预留洞尺寸定位由具体工程设计在深化图纸中指定。

3. 本图中所有预埋件均为示意，其种类和数量应根据具体项目情况确定并应符合有关标准规范要求。

预埋件表				
编号	功能	图例	个数	备注
S1	脱模、斜撑用预埋件	✿	XX	预埋件的数量和形式由各构件生产单位视具体项目的情况确定
S2	运输吊装用预埋件	⊤ ⊕ ⊕	XX	
S11	楼梯栏杆预埋件	▭ ▢	XX	

预制楼梯　模板图、配筋图

图集号	2024沪G105

审核	章国森		校对	傅兴君		设计	王晓鹏		页码	84